室内装饰材料与施工

苗壮　刘静波　编著

哈尔滨工业大学出版社

图书在版编目(CIP)数据

室内装饰材料与施工/苗壮编著. —哈尔滨:哈尔滨工业大学出版社,2000.5(2014.8 重印)
ISBN 978-7-5603-1463-1

Ⅰ.室… Ⅱ.苗… Ⅲ.①室内装饰-建筑材料:装饰材料 ②室内装饰-工程施工 Ⅳ.TU56 TU767

中国版本图书馆 CIP 数据核字(2008)第 028692 号

责任编辑	卞秉利
封面设计	卞秉利
出版发行	哈尔滨工业大学出版社
社　　址	哈尔滨市南岗区复华四道街 10 号　邮编 150006
传　　真	0451-86414749
网　　址	http://hitpress.hit.edu.cn
印　　刷	黑龙江省地质测绘印制中心印刷厂
开　　本	787mm×1092mm　1/16　印张 10.25　字数 234 千字
版　　次	2000 年 5 月第 1 版　2014 年 8 月第 7 次印刷
书　　号	ISBN 978-7-5603-1463-1
定　　价	19.00 元

(如因印装质量问题影响阅读,我社负责调换)

前　言

在室内装修工程中，装饰材料及施工工艺是室内设计的依据，是体现设计思想和实现设计的重要条件。仅有好的设计构思，而没有好的施工工艺，或只有好的施工，而设计上无所作为，都不能产生完美的效果。

所以，我们在设计时，要对材料与施工有一个基本的了解和掌握，这样才能在设计上做到有的放矢，以避免犯盲目甚至荒唐的错误。进一步说，一个优秀的设计应该是有所创意，并且应该是可以实现的，这其中包括对材料的性能、质感、品种、价格及制作加工的难易程度有所认识，并充分发挥材料的特质，使之达到我们设计上所预期的目标。

在实际工作中，装饰材料与施工工艺之间的关系也是密切相关的。因此，单独了解材料的物理、化学性能及质感，而不顾及它们的加工方法与安装手法，也会使人在设计上感到茫然。

本书力求将两者联系起来进行阐述，在讲解材料的同时也讲解它的施工工艺，使读者对材料的认识更连续和完整。

随着材料科学的进步，装饰材料的品种也层出不穷。限于篇幅，本书并没有将全部的装饰材料逐一介绍。我们认为，新材料大多是老材料的替代品，新装饰材料往往是在材料颜色、质感或肌理、表面效果上有所变化，其实际的安装和施工工艺均无根本区别。所以，我们在教学中更注重要求学生掌握基本方法，更注重品种及基本性能的介绍，因为本书的读者对象主要是设计类专业学生。另外，本书在编写中删除了部分过时及淘汰的装饰材料的内容，这类材料大多因装饰效果差、环境污染性强而很少为人们采用。

本书着重实际分析，在编写上按照施工的各工种安排章节，以达到条理清晰、明确、连贯，避免重复与衔接不当的问题。

装饰材料与施工的内容涉及面广，因作者水平所限，疏漏之处在所难免，恳请各位专家批评指正。

作者

2000年2月

目 录

第一章 绪论
 一、内容与特点 ……………………………………………………（ 1 ）
 二、室内装饰材料与施工课程的目的与作用 ……………………（ 1 ）
 三、传统装饰材料与装修技艺 ……………………………………（ 3 ）
 四、室内装修工程未来的发展趋势 ………………………………（ 4 ）
 五、室内装修施工主要机具及操作要点 …………………………（ 4 ）

第二章 泥水工程
 第一节 泥水工程中的主要材料 …………………………………（ 10 ）
 第二节 泥水工程施工 ……………………………………………（ 18 ）
 第三节 墙面饰面砖的镶贴施工 …………………………………（ 23 ）
 第四节 地面饰面砖的铺设工程 …………………………………（ 25 ）
 第五节 墙饰面石板材的安装 ……………………………………（ 25 ）
 第六节 石板材的地面铺贴施工 …………………………………（ 30 ）

第三章 木工装修工程
 第一节 木材 ………………………………………………………（ 33 ）
 第二节 人造板材 …………………………………………………（ 34 ）
 第三节 装饰用木材 ………………………………………………（ 35 ）
 第四节 木质吊顶施工 ……………………………………………（ 38 ）
 第五节 木质墙、柱的施工 ………………………………………（ 42 ）
 第六节 木家具的制作与构造 ……………………………………（ 47 ）
 第七节 木地板的施工 ……………………………………………（ 54 ）
 第八节 木门的构造与安装 ………………………………………（ 58 ）

第四章 轻钢龙骨轻质板工程
 第一节 轻钢龙骨轻质板吊顶施工 ………………………………（ 60 ）
 第二节 轻钢龙骨轻质板隔墙 ……………………………………（ 64 ）

第五章 铝合金工程
 第一节 铝及铝合金 ………………………………………………（ 70 ）
 第二节 铝合金门窗的施工 ………………………………………（ 71 ）
 第三节 铝合金隔墙的施工 ………………………………………（ 82 ）
 第四节 铝合金吊顶 ………………………………………………（ 83 ）

第六章 涂饰工程
 第一节 涂料 ………………………………………………………（ 87 ）

I

第二节　内墙涂料……………………………………………………（ 92 ）
　　第三节　涂料施工的辅助材料………………………………………（ 92 ）
　　第四节　涂饰工程施工………………………………………………（ 93 ）
第七章　裱糊工程
　　第一节　壁纸的种类及特征…………………………………………（100）
　　第二节　裱糊用胶及常用工具………………………………………（101）
　　第三节　基层处理……………………………………………………（102）
　　第四节　各种塑料壁纸的裱糊………………………………………（103）
第八章　玻璃装饰工程
　　第一节　玻璃…………………………………………………………（107）
　　第二节　各种功能玻璃和装饰玻璃…………………………………（110）
　　第三节　结构玻璃墙…………………………………………………（113）
　　第四节　全玻璃装饰门………………………………………………（117）
　　第五节　玻璃护栏……………………………………………………（119）
附录　室内装饰工程质量规范（QB1838—93）……………………（123）

第一章 绪 论

一、内容与特点

室内装饰材料与施工是室内设计专业、建筑学专业、环境艺术等专业的一门综合性工程技术课程。本书着重阐述室内装饰材料、材料与材料的连接构造和施工的基本理论,并将国家施工质量标准一并编入。

本书在编写上按各工种的施工与材料的施工组合、搭配分类。这样分类的优点在于,可以避免按施工部位分类的方式所产生的重复现象,如同样工种的材料及施工方法在不同的章节中重复出现。另外,材料的介绍与施工的讲解同步进行,使学生对材料的理解更直接,更有针对性。本书还注重将不同材质的但使用方法相同的材料编入同一章节,这样将有助于使学生掌握材料的使用类别及构造方式。

二、室内装饰材料与施工课程的目的与作用

(一) 了解装饰材料

在室内装修工程中,装饰材料的选择是工程的重要组成部分,它直接影响着工程的施工工艺、质量、效果和工程造价。

如果设计人员对材料知识缺乏了解而引起材料选择上的失误,往往会给整个装修工程带来很大的麻烦和浪费,甚至造成难以挽回的损失。因此在材料的选择上,应首先从建筑的使用要求出发,不仅要有表面的美观,而且要具有其自身的特殊功能,使材料能长期保持它的特征并安全、适用。

室内装修工程中所使用的材料品种非常之多,因此,了解材料的品种、性能、规格也十分必要。装饰材料除具有人所共识的装饰性能外,还常兼有绝热、防火、防潮、吸声、隔音、防静电等功能,并起着保护建筑主体结构材料的作用,以满足人们对室内环境的多方面需求。装饰材料品种繁多,通常有两种分类。

1. 按化学成分分类

金属材料 ┤黑色金属材料:如不锈钢等。
　　　　　└有色金属材料:如铝、铜、银、金等。

非金属材料┤无机非金属材料:如大理石、玻璃、陶瓷等。
　　　　　└有机非金属材料:如木材、建筑塑料等。

复合材料 ┤非金属与非金属复合:如装饰混凝土、装饰砂浆等。
　　　　　│金属与金属复合:如铝合金、铜合金等。
　　　　　│金属与非金属复合:涂塑钢板、塑铝板等。
　　　　　│无机与有机复合:如人造花岗石、人造大理石等。
　　　　　└有机与有机复合:如各种涂料。

所谓复合材料是指由两种或两种以上的材料，组合为一种具有新的性能的材料。复合材料往往具有多种性能，因此，它也是现代材料的发展方向。

2. 按建筑物装饰部位分类

（1）吊顶装饰材料：主要是室内顶棚装饰材料。

（2）墙面装饰材料：包括墙面、柱面、隔断、墙裙、踢脚线、装饰线角等部位的结构材料和装饰材料。

（3）地面装饰材料：包括地面、楼面、楼梯等部位的全部结构材料和面饰材料。

（4）门窗材料：包括内外空间的门及窗的材料。

（5）室内设备及装饰用品：包括厨房设备、卫生间设备、装饰灯具、家具、空调设备等。

我们在学习中应该对材料的性能、用途有所识别，以便在工作中正确认识材料、选择材料和使用材料。

（二）熟悉室内装修工程的施工工艺

一项优良的装修工程除了要有合格的选材外，还要有精良的施工工艺作保障。使用了好的材料，而没有合适的施工手段和方法，仍然难以取得理想的装饰效果。

室内装修作为一项工程，并非仅是一种表层的美化，而是一种必须依靠合格的材料加上科学合理的构造，靠建筑主体结构予以稳固支撑的严肃工程。而且装修工程是一项多工种、多工艺的复杂工程，其中工种包括泥水工、木工、金工、油漆工、软包工、水电工等。如此多的工种配合，工序上不可随意安排，而须按照统一的布置，有步骤地进行，而且前后顺序均需有利于彼此提供良好的基础。隐避工程更要引起重视，因为隐避工程虽然在暗处，但出现问题后则会影响到表面工程；而且，在设计施工中要考虑到方便检修与维护。

在装修施工中必须还要立足于安全的考虑，这其中包括装饰材料与结构材料的搭接、结构材料与建筑主体的搭接是否安全、合理；材料的防火性能与配置是否正确；另外，对于建筑结构部分不可随意修改与变更，与建筑有关的所有装饰工程的施工操作，都不能漠视对建筑主体结构的维护与保养。总之，一切施工操作及工序，均应按国家颁发的有关施工和验收规范进行。

根据各种材料的特性与施工方法的不同，装饰材料的连接与固定大致可分为下列方法。

1. 胶结法

通常在木工工程中，装饰面板及底板的连接都采用粘合剂进行胶结。还有在墙地面铺设陶瓷墙砖、陶瓷地砖、石材等，是利用水泥本身的胶结性或掺入一定的胶结材料来作为饰面的方法。

2. 钉接法

钉接法在装修工程中使用也较为广泛，如木工工程中的木龙骨之间的连接，龙骨与板材的连接等。铝合金工程中，铝合金框料与建筑的墙柱、地面连接也多采用钉接法进行连接。

3. 焊接法

对于一些比较重型的受力构件的连接或者某些金属薄型板材的接缝，一般多用电焊或气焊方法。

4. 机械固定法

随着高强复合的新型建筑结构件和饰面板板材的不断涌现，工厂制作、现场装配的材料的比例越来越高，机械连接和固定方法在建筑装修中逐渐占主导地位。这种方法大多采用金属紧固件和连接件，金属紧固件包括各种螺钉、螺栓、螺丝、铆钉；金属连接件包括合缝钉、铰链、带孔型钢和各种插接件等。在装修工程中采用机械连接和固定法具有速度快、效率高、施工灵活和安全可靠等优点，施工精确度也比较高。

5. 挂接法

在饰面石材的安装上大多使用挂接的方法。饰面石材的挂接分湿挂与干挂两种，湿挂是在挂接后再用水泥灌浆的方法进行粘接，而干挂则采用专用的挂件进行挂接。干挂方法也适合于安装如玻璃幕墙、复合装饰面板等。

（三）提高设计与管理水平

室内装饰材料与施工课程的教学目的与作用，在于配合专业课程的教学，为室内设计和施工提供合理选择和正确使用建筑装饰材料的基本知识。为了掌握和运用好装饰材料及施工工艺，在学习时一是要着重了解材料的成分、性能和用途，其中首要的是了解材料的性能和特点，其他方面的内容均应围绕这个中心来进行学习。还要注意材料的合理搭配、组合方式。对于装饰材料和配套设备的选用，要将设计的总体构思与使用功能、效率、安全以及工程造价等作统筹考虑。同时，还要考虑环境气氛、空间关系、色彩质感等问题。还要注意并掌握各种饰面材料接合时界面关系的处理。本课程的学习并不一定要求学生完全熟悉各种材料的化学成分和材料的生产工艺，而是使学生懂得灵活运用某些材料来实现设计意图。

室内装饰材料与施工是一门应用性的技术课程，靠课堂上的讲授不可能完全掌握这些知识。因此，要求学生通过对实际材料的接触、施工现场的实习，来提高对材料、施工的认识。只有在此基础上，学生才能真正领会本门课程的内涵，从而绘制出精确实用的施工图，真正提高室内设计的水平。

三、传统装饰材料与装修技艺

室内装修装饰无论是在中国还是在外国，无论是东方还是西方都有着较悠久的传统。在中国宋代由李诫编修的《营造法式》一书中所列的小木作、雕木作、石作、彩画作等工种就全面总结了装修的制造方法和设计图样。在西方建筑中的巴洛克风格、洛可可风格、新艺术运动风格及工艺美术运动风格都主要体现在室内装修中。

传统的装饰材料基本上是以天然材料为主的，如天然石材、天然木材、天然油漆等。随着工业的发展，后来又慢慢出现了一些金属材料，如铜材、铁材等。传统的装饰材料虽然比较单一，但在施工工艺上比较注重发挥各种材料的特质，使材料的运用达到了一个很高的水平，这在材料的安装结构上和造型上都有所表现。如中国传统的木构架建筑，就充分运用木材的特点，使建筑的艺术加工与使用功能、结构处理有机地统一为一体。又如西方建筑在柱饰、线角、护栏、门饰等方面在造型上和材料的运用上都达到了很高的水平。

虽然在现代装修工程中许多传统的装饰材料及施工技艺正在被新的材料与新的工艺所取代，但对于设计师来讲，许多传统技艺仍然值得我们总结，许多传统造型对当代设计仍有着重要的参考和借鉴的价值。

四、室内装修工程未来的发展趋势

作为设计师，我们不但要了解传统的施工方法，而且还要掌握当代的材料与技艺，同时也要关注装饰材料及装修施工未来的发展方向。这样才能跟上时代的步伐，适应未来的发展需要。

装饰材料与施工随着科学技术的发展与进步在不断地发展与变化。传统的天然材料正在被现代的人工材料所取代，施工手段也在从传统的现场手工操作变为机械施工和工业化装配。其中工业化生产与现场装配将成为未来室内装修的重要方向，这是人类由低级手工劳动向高级工业化操作的进步。这种方法可改善和提高装修工程的施工精确水平，缩短施工周期，降低施工噪声，达到手工劳动所无法达到的建筑功能要求和艺术表现力，使装饰材料和装饰构件可以灵活安装、更换、重组，达到人们不断发展变化的需要，有很强的时代感。

目前，在室内装饰工程中已出现了许多工业化装配的例子，其装配化的程度也越来越高。从最早出现的轻质吊顶及铝合金门窗等项目，到现在的金刚木铺地板、铺墙板、整体厨房、整体浴室等都突破了传统的装修模式。

我国在改进装饰工程的施工技术及施工工艺方面已有了很大的进步，在研制和开发新装饰材料与施工机具方面也取得了不少成果。但我们也应看到，在进一步改进操作工艺、提高技术水平和劳动生产率、降低成本、节约原材料、提倡环境保护、营造绿色室内空间等方面仍有大量的工作要做，我们应该在掌握装饰施工基础知识和技艺的基础上，努力在工程实践中探索经验并开拓新路。

五、室内装修施工主要机具及操作要点

建筑装修施工的机械一般为人工易搬动的小型机械，多为手提式。按功能可分为钻孔型、切割型、磨光型、刨削型和紧固型等用微型电动机驱动的旋转型机械。还有是以空气压缩机为动力的气动工具。

（一）钻孔型机具

1. 手电钻

手电钻是常用于对金属板材、铝合金型材、塑料等材料或工件进行钻孔的电动工具。其特点是体积小、重量轻、工效高、操作简便快捷。手电钻是由电动机、传动机械、壳体、钻夹头等部件组成。钻头装夹在钻夹头或圆锥套内。为适应不同钻削特性，有单速、双速、四速和无极变速等电钻。(图1-1)

2. 电动冲击钻

电动冲击钻是可调节式、旋转带冲击的特种电钻。当把旋钮调至纯旋转位置，安装上钻头，可像普通电钻一样对钢制品进行钻孔。如把旋钮调至冲击位置，并安装镶硬质合金的冲击钻头，便可对砖墙及混凝土墙进行钻孔。广

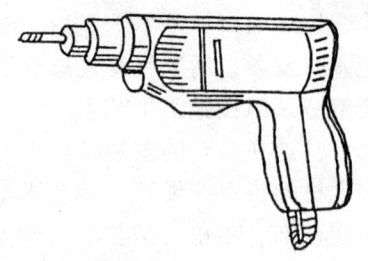

图1-1 手电钻

泛用于装修工程中的各项安装工程。（图1-2）

3. 电锤

电锤也称冲击电钻，其工作原理同冲击电钻，使用硬质合金钻头，可在砖石、混凝土上钻孔，钻头旋转兼冲击。电锤的振动力较大，操作时要用手握紧钻把，使钻头与地面、墙面垂直，并要时常拉出钻头排屑，以防钻头扭断或崩头。它广泛应用于铝合金门窗、轻钢龙骨吊顶和饰面石材安装等工程中的膨胀螺栓的安装、木楔的安装等。（图1-3）

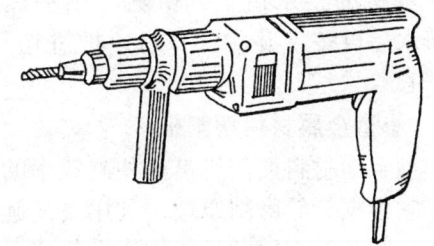

图1-2　电动冲击钻

（二）切割型机具

1. 电动圆锯

电动圆锯是木工工程中不可缺少的电动机具，用于切割各种木板、木方、面板等。常用的规格有7、8、9、10、12、14英寸几种。其中9英寸圆锯功率为1 750 W，转速4 000 r/min；12英寸的功率为1 900 W，转速为3 200 r/min。

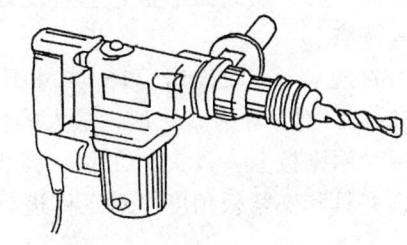

图1-3　电锤

使用时，双手握稳电锯，开动手柄上的电钮开关，让其空转至正常速度，再进行木料的锯切。在施工中，可将电动圆锯反装在木制工作台面下，使圆锯片从工作台面的开槽处伸出台面，以便切割木板和木方。（图1-4）

2. 电动线锯机

电动线锯机也属木工电动机具，其齿形切削刀刃向上，工作时作上下往复运动，冲程长度26 mm，冲程速度每分钟0～3 200次左右，功率350 W左右，锯条规格有60 mm×8 mm、80 mm×8 mm、100 mm×8 mm三种，锯齿也分粗、中、细三种，最大锯切厚度为50 mm左右。

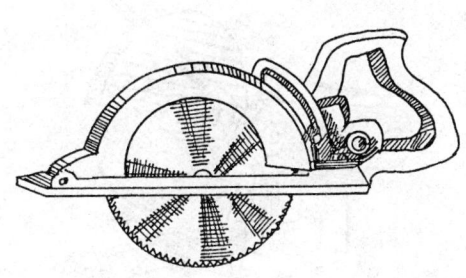

图1-4　电动圆锯

电动线锯可作直线或曲线锯割，可在木板中开孔、开槽，其导板可作一定角度的倾斜，便于在工件上锯出斜面。操作时要双手按稳机器，匀速前进，不能左右晃动，否则锯条会折断。（图1-5）

3. 手提式电动石材切割机

手提式电动石材切割机用于地面、墙面的石材、瓷砖等板材的切割。功率为850 W，转速为1 100 r/min。因手提式电动石材切割机的切割片有两种，所以湿型刀片切割时需用水作冷却液。在切割石材前，先将小塑料软管

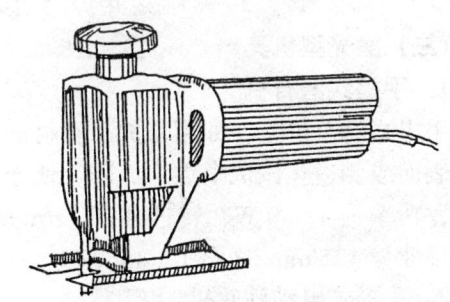

图1-5　电动线锯机

接在切割机的给水口上,切割时用手握住机柄,通水后再按下开关,并匀速推进切割机。(图1-6)

4. 小型金属材料切割机

小型金属材料切割机是一种高效率的电动工具,它根据砂轮磨削原理,利用高速旋转的薄片来切割各种金属型材。该机在装修工程中常用来切割铝合金型材、不锈钢管、轻钢龙骨、钢筋、角钢、水管等。它具有切割速度快、生产效率高、切断面平整、垂直度好、光洁度高等特点。

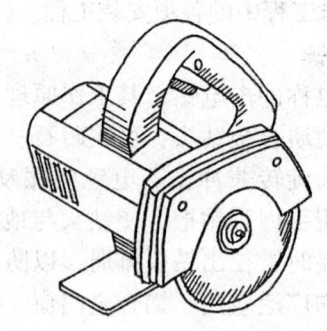

图1-6 手提式电动石材切割机

常用的规格有12、14、16英寸几种,功率为1 450 W左右,转速为2 300～3 800 r/min。切割刀具为砂轮片,最大的切断厚度为100 mm。

使用时用锯板上夹具夹紧工件,按下手柄使砂轮片轻轻接触工件,平稳进行匀速切割。调整夹具和夹紧板角度可对工件进行有角度的切割。(图1-7)

图1-7 小型金属材料切割机

(三)磨光型机具

1. 手提式磨石机

手提式磨石机是一种用来加工石材的电动工具。主要用于磨光花岗岩、大理石和人造石材表面或侧边。该机净重5.2 kg,便于手提操作,功率为1 000 W,转速4 200 r/min,磨砂轮尺寸为125 mm。(图1-8)

2. 手提式电动砂轮机

手提电动砂轮机主要是用来打磨金属工件的边角,常用规格有5、6、7英寸几种,功率500～1 000 W,转速为1 000 r/min左右。

操作时,双手平握住机身,再按下开关,

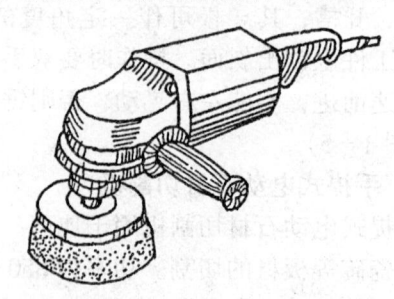

图1-8 手提式磨石机

以砂轮片的侧边轻触工件，并平稳地向前移动，磨到工件尽头时应提起机身，不可在工件上来回推磨，否则会损坏砂轮片。该机转速快、振动大，操作时应特别注意安全。（图1-9）

3. 砂纸机

砂纸机也属于电动磨光型机具，它主要是代替人工用砂纸对部件进行打磨。砂纸机底座有不同的规格，一般宽度为 90～135 mm，长度为 186～226 mm，重 1.6～2.8 kg。

图1-9 手提式电动砂轮机

（四）刨削型机具

1. 电动刨

手提式电动刨是木工电动工具，类似倒置小型平刨机。刀轴上装两把刀片，转速为 16 000 r/min，功率为 580 W 左右，刨削宽度为 60～90 mm。电刨上部的调节旋钮可调节刨削量。

操作时，双手前后握刨，推刨时平稳地匀速向前移动，刨到工件尽头时应将刨身提起，以免损坏刨好的工件表面。电动刨的底板经改装还可以加工出一定的凹凸弧面。刨刀片用钝时，可卸下来重磨刀刃。（图1-10）

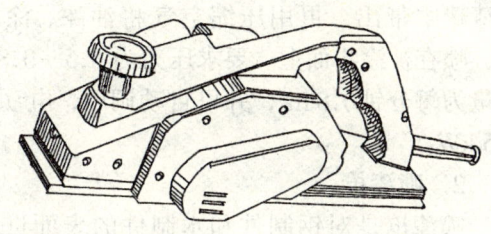

图1-10 电动刨

2. 木工修边机

木工修边机用于对木材的侧边或接口处进行修边、整形。功率 500 W 左右，转速 27 000 r/min，最大加工厚度为 25 mm。（图1-11）

（五）紧固型机具

1. 射钉枪

射钉枪是利用射钉弹内火药燃烧释放出的能量，将射钉直接射入钢铁、混凝土或砖结构的基体中。

因射钉枪需与射钉配套使用，而各厂家生产的规格各异，使用时应根据说明书操作。射钉种类主要有普通射钉、螺纹射钉、带孔钉三种。（图1-12）

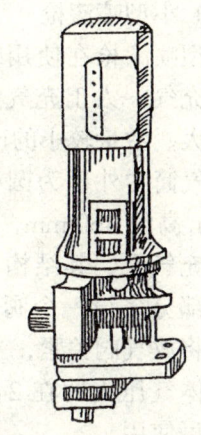

图1-11 木工修边机

2. 电动、气动打钉枪

这种枪用于木龙骨上钉胶合板、纤维板、刨花板、石膏板等板材和各种装饰木线条。它配有各种专用枪钉，常用的规格有 10、15、20、25 mm 四种。电动打钉枪插入 220 V 电源插座就可直接使用。气动打钉枪要与空气压缩机联接。使用要求的最低压力为 0.3 MPa。操作时用钉枪嘴压在要钉接的位置，再按开关。（图1-13）

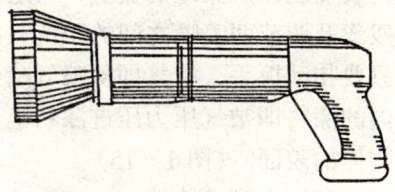

图1-12 射钉枪

3. 电动螺钉钻

电动螺钉钻是上自攻螺钉的专用机具，用于轻钢龙骨或铝合金龙骨的饰面板安装、铝合金门窗和隔断的安装。功率在 200～300 W，转速为 1 200 r/min。（图 1-14）

（六）气动型机具

1. 空气压缩机

空气压缩机也称喷泵，用于喷油漆和涂料。该机是利用压缩空气在喷嘴处形成负压，将油漆、涂料从贮漆罐中带出，再用压缩空气将油漆、涂料吹成雾状，喷在被涂物面上。要求压力为 0.5～0.8 MPa，供气量为每分钟 0.8 m³，并可自动调压，电动机功率为 215 kW。

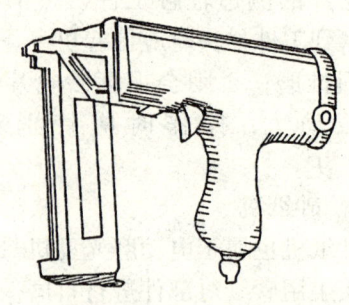

图 1-13　气动打钉枪

2. 喷漆枪

喷漆枪是对钢制件和木制件的表面进行喷漆的工具。它施工速度快，节省漆料，漆层厚度均匀，附着力强，被漆物体表面光洁。

（1）小型喷漆枪

小型喷漆枪在使用时一般用人力充气，也可以用机械充气。人工充气是将空气压入贮气筒内，供面积不大、数量较小的产品使用。

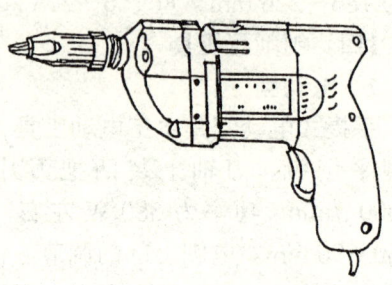

图 1-14　电动螺钉钻

贮气筒的外形为圆柱体，用钢皮制成，直径为 200 mm，高约 460 mm，是一个密封容器。在筒的中间设有充气泵，其结构与自行车充气泵相似，只是在排气部分多设一个阀，阀口与输气胶管连接。充气前须将放气阀关紧，当用手柄抽压 50 余次后，筒内的气体气压大约在 24.52～29.42 kPa；旋开放气阀，即可使用。

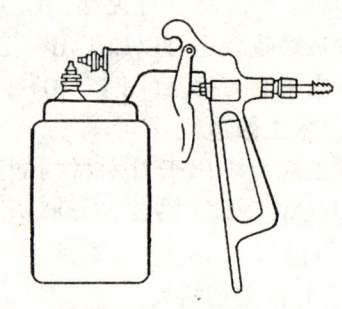

图 1-15　小型喷漆枪

小型喷漆枪是由贮漆罐和喷射器两个部分组成。贮漆罐每次可盛 0.5 kg 左右漆料。喷射器前端有两个喷嘴，一个是空气喷射嘴，一个是漆料喷射嘴。喷气嘴与手柄连接，漆料喷嘴装在贮漆罐的盖上，与通入罐内的金属管相接。两个喷嘴成直角相交。为便于消除残漆及调节两喷嘴之间的距离，两喷嘴可调节与拆卸。手柄前面设有放气阀扳手，使用时只要扣动扳手，空气即从喷气嘴向漆料喷嘴的侧面口喷射，造成口缘部分的负压，贮漆罐内的漆料即被气压力压进漆料上升管而涌向喷嘴的口缘，并被空气吹散成雾状，射向被漆物体的表面。（图 1-15）

（2）大型喷漆枪

大型喷漆枪的内部构造比小型喷枪复杂，它要用空气压缩机的空气作为喷射的动力。它由贮漆罐、握手柄、喷射器、罐盖与漆料上升管组成。盖上设有弓形扣一只及三翼形的紧定螺母一只。借助三翼形紧定螺母的左转，将弓形扣顶向上方，于是弓形扣的缺口部分将贮漆罐两侧的铜桩头拉紧，使喷枪在贮漆罐上盖紧。使用时，用中指和食指扣紧扳手，压缩空气就可以从进气管经由进气阀进入喷射器头部的气室中，控制喷漆输出量的顶针也随着扳手后退，气室的压缩空气流经喷嘴，使喷嘴部分形成负压，贮漆罐内的漆料就被大气压力压进漆料上升管而涌向喷嘴，在喷嘴出口处遇着压缩空气，即被吹成雾状，漆雾一出喷嘴，又遇到喷嘴两侧另一气室中喷出的空气，使漆雾的粒度变得更细。（图1-16）

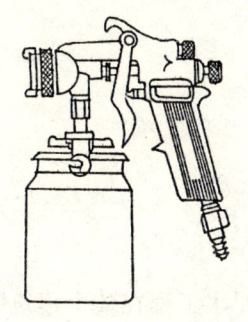

图1-16 大型喷漆枪

第二章 泥水工程

泥水工程在整个建筑装饰工程中是一项重要的工程项目。其重要性不仅体现在它的施工面积大，更重要的它还是其他工程项目的基础工程。本教材中所涉及的泥水工程主要是指以装饰为主的饰面工程，其中包括室内抹灰工程、陶瓷饰面工程、石板材饰面工程。它们共同的特点是都属泥水工种的施工。另外，它们的共同作用是使房屋内部清洁美观，改善采光条件，创造舒适的环境，并增强保温、隔热、防潮、隔音的能力，从而改善居住和工作的条件。室内泥水工程还可起到特殊的作用，如防尘、防腐蚀、防辐射等作用。

第一节 泥水工程中的主要材料

一、胶结材料

（一）水泥

水泥呈粉末状，与水适量混合后，经过物理化学过程由可塑性浆体变成坚硬的固状体，并能将散粒材料胶结成为整体的混凝土。水泥浆体不但能在空气中硬化，而且还能在水中硬化，故属于水硬性胶结材料。水泥的品种很多，一般可分为硅酸盐类、铝酸盐类和硫铝酸盐类。在建筑工程中应用最广的是硅酸盐水泥，常用的水泥品种包括硅酸盐水泥、普通硅酸盐水泥、矿渣硅酸盐水泥、火山灰质硅酸盐水泥和粉煤灰硅酸盐水泥等。

凡以适当成分的生料，烧至部分熔融，所得以硅酸钙为主要成分的硅酸盐水泥熟料，加入适量石膏，磨细制成的水硬性胶结材料，称为硅酸盐水泥。凡由硅酸盐水泥熟料，加少量混合材料、适量石膏磨细制成的水硬性胶结材料，称为普通硅酸盐水泥，简称普通水泥。

水泥加水拌和后，最初形成具有可塑性的浆体，然后逐渐变稠失去可塑性，这一过程称为凝结。此后，强度逐渐提高，并变成坚硬的石状物体，这个过程称为硬化。

水泥凝结时间分为初凝和终凝。初凝时间为从水泥加水拌和起至水泥浆开始失去可塑性所需的时间，终凝时间则为从水泥加水拌和起至水泥浆完全失去可塑性并开始产生强度所需的时间。国家标准规定：硅酸盐水泥的初凝时间不得早于 45 min，终凝时间不得迟于 12 h。

水泥的强度是水泥性能好坏的重要指标，也是评定水泥标号的依据。国家标准规定：水泥强度用软练法检验，即将水泥和标准砂按 1:25 的比例混合，加入规定数量的水，按规定方法制成标准尺寸的试件，在标准条件下养护后进行抗折、抗压强度试验，根据 3 d、7 d、28 d 龄期的强度，硅酸盐水泥分为 425、525、625 和 725 四种标号，普通硅酸盐水泥分为273、325、425、525、625和725六种标号。

（二）装饰水泥

使用装饰水泥比使用天然石材更容易得到所需的色彩和装饰效果。装饰水泥还有施工简便、造型容易、造价低廉、便于维修等特点。装饰水泥有白色硅酸盐水泥和彩色硅酸盐水泥两种。

白色硅酸盐水泥是以适当成分的生料，烧至部分熔融，所得以硅酸钙为主要成分及含少量铁质的熟料，加入适量的石膏，磨成细粉，制成白色水硬性胶结材料，称为白色硅酸盐水泥，简称白水泥。按国家（GB2015—80）标准规定，白水泥的标号分为325、425两种，白度分为一级、二级、三级、四级。

彩色硅酸盐水泥是以白色硅酸盐水泥熟料和优质白色石膏在粉磨过程中掺入颜料（氧化铁、氧化铬、钛蓝等）、外加剂（防水剂、保水剂、增塑剂、促凝剂等）共同粉磨而成的一种水硬性彩色胶结材料，称为彩色硅酸盐水泥，简称彩色水泥。

（三）石灰

建筑装修工程上所用的石灰，是用含碳酸钙较多的石灰石经过800~1 000℃煅烧而成，它的主要成分是氧化钙（CaO），又称生石灰。

工地上使用石灰时，通常将生石灰加水，使之分解为熟石灰即氢氧化钙（$Ca(OH)_2$），这个过程称之为石灰的"熟化"。石灰在熟化过程中体积会增大1~2.5倍。调制抹灰砂浆时，需要将石灰熟化成石灰浆。即将生石灰在化灰池中加水溶化，通过网孔流入贮灰池内。石灰浆在贮灰池中沉淀并除去上层水分后，称为石灰膏，石灰膏体积质量为1 300~1 400 kg/m^3，1 kg生石灰可化成1.5~3 L石灰膏。生石灰中的欠火石灰降低石灰的利用率；过火石灰颜色较深，密度较大，表面被粘土杂质溶化所形成的玻璃釉状物包覆，熟化很慢。石灰硬化后，其中的过火颗粒才开始熟化，体积膨胀，引起爆灰和开裂。为了消除过火石灰的危害，石灰浆应在贮灰池中常温下陈伏不少于两周。在陈伏期间，石灰浆表面应保留一层水，以便与空气隔绝，避免碳化。

工地上另一种熟化方法是将生石灰熟化成熟石灰粉，方法是采用分层浇水法，每层石灰厚约50 cm。熟化好的石灰粉称为消石灰粉。消石灰粉在工程中多用于拌制石灰土、三合土和砌筑砂浆。

用石灰膏拌制的砂浆一般都具有较好的和易性，常用作基层上的底层灰和中层灰。石灰膏掺入麻刀均匀拌和成麻刀灰，可用作板条基层上的底层灰及各种基层上的中层及面层灰。石灰膏也可调制成刷墙用的大白浆。

（四）石膏

石膏是一种气硬性胶结材料。生石膏也称为二水石膏（$CaSO_4 \cdot 2H_2O$）。在107~170℃的温度内，煅烧成半水石膏；若温度超过190℃，则成无水石膏。半水和无水石膏经磨细而成的粉末，称为熟石膏，简称石膏。在建筑工程中常用的有建筑石膏、模型石膏、地板石膏、高强石膏四种。

建筑石膏是洁白细腻的粉末，相对密度为2.60~2.75，疏松体积质量为800~1 000 kg/m^3。

建筑石膏与适当的水混合，最初成为可塑性的浆体，但很快就失去塑性，这个过称为凝结过程；以后强度迅速增大，并成为坚硬的固体，这个过程就是硬化过程。

建筑石膏可用于室内的装饰与装修。它与石灰相比，更加洁白美观。它具有隔热保温、吸音、防水、调解室内湿度等性能。但石膏不宜靠近65℃以上的高温处，因为二水石膏在达到此温度后会脱水分解。

建筑石膏在硬化过程中体积膨胀约1%，这一性质，使石膏制品尺寸精确，表面和棱角光滑饱和，干燥时不开裂，可不加填充料而单独使用。利用石膏这一特性可制成形状复杂的装饰制件，如石膏花、装饰石膏线角、饰面板和石膏雕塑等。

石膏硬化后具有很强的吸湿性，在潮湿环境中，晶体间粘结力削弱，强度显著降低；遇水则晶体溶解而被损坏；吸水后受冻，将因孔隙中水分结冰而崩裂。因此，石膏的耐水性和抗冻性都较差，不宜在室外装饰工程中使用。各种石膏都易受潮变质，但其变质的速度不一样，其中建筑石膏变质速度快，所以，特别需要防止受潮和避免长期存放。一般贮存3个月后强度会降低30%左右。

下面我们将介绍几种在室内装修中常用的石膏板材。

1. 纸面石膏板

以建筑石膏为主要原料，掺加适量材料，如填充料、发泡剂、缓凝剂等，加水搅拌、浇注、辊压，以石膏作芯材，两面用纸作护面，即制成纸面石膏板。纸面石膏板的生产工艺简单，生产效率高。纸面石膏板主要用于内墙、隔墙、吊顶等处的装修工程中，使用比较广泛。

2. 石膏空心条板

石膏空心条板是以建筑石膏为主原料，掺加适量轻质填充料或少量纤维材料，加水搅拌振捣成型、抽芯、脱模、烘干而成。这种石膏板不用纸，不用胶，强度高，工艺简单，生产效率高。石膏空心条板多用于住宅和公共建筑的内墙和隔墙等。安装时不需加龙骨。

3. 石膏装饰板

石膏装饰板是以建筑石膏为主要原料，掺加少量纤维增强材料和胶料，加水搅制而成。装饰板有平板、多孔板、花纹板、浮雕板等。它们尺寸精确、标准，线条清晰，造型美观，品种多样，施工方便，多用于公共建筑的天花、吊顶工程中。

4. 纤维石膏板

纤维石膏板是以建筑石膏为主要原料，掺加适量的纤维增强材料而制成。这种板的抗弯强度高，可用于内墙和隔墙，也可用来代替木材制作家具。这种板有一定的隔热和吸声功能。

二、砂、石膏料及其他材料

（一）砂

在泥水工程中，常用的是普通砂，还有配制特殊用途砂浆的石英砂。

1. 普通砂

普通砂是岩石风化后形成的，按产源可分为：河砂、海砂及山砂。按平均粒径可分为：粗砂（平均粒径在0.5 mm以上），中砂（平均粒径在0.35~0.5 mm），细砂（平均粒径在0.25~0.35 mm），特细砂（平均粒径在0.25 mm以下）。抹灰用砂最好是中砂或粗砂与中砂混合用。砂在使用前应过筛，不得含有杂物。砂子的含泥量不得超于3%。

2. 石英砂

石英砂分天然石英砂和人造石英砂及机制石英砂三种。人造石英砂和机制石英砂系将石英岩加以熔烧，经人工或机械破碎，筛分而成。它们比天然石英砂质量好，纯净，而且二碳化硅含量也较高。

石英砂在抹灰工程中多用于配制耐腐蚀砂浆。

（二）石子

抹灰工程中常用的石子有石粒、砾石和石屑等。

石粒主要由天然大理石破碎而成，主要用于装饰面层为水刷石、水磨石、斩假石、干粘石及其饰面抹灰骨料。

砾石是自然风化形成的石子，也称豆石或细卵石。常用的粒径为 5~10 mm。主要用于装饰抹灰水刷石面层及楼地面细石混凝土面层。

石屑是粒径比石粒更小的细骨料。主要用来配制外墙涂饰面用的聚合物砂浆。常用的有松香石屑、白云石屑等。

（三）水

水在砂浆中起着重要的作用。在石灰或水泥中加入水后，一部分水与它们起了化学反应，另一部分则起润滑作用，因而使石灰和水泥拌制而成的砂浆产生流动性、和易性，便于施工操作，并能得到质量均匀、密实的砂浆性能。在其他材料固定时，加水量的大小就直接影响砂浆的质量。水太少和易性就差，太多又会降低强度。因此在混合砂浆的过程中必须按施工设计中规定的加水量配制。

抹灰砂浆所用的水必须是河、湖中的淡水，工业废水、污水、沼泽水、海水均不能使用。

（四）麻刀

麻刀在抹灰工程中起拉结和骨架的作用，能提高抹砂灰的抗拉强度，增强抹灰层的弹性和耐久性，使灰层不易裂缝脱落。麻刀以均匀、坚韧、干燥、不含杂质的为好，长度为 2~3 cm，使用前将其敲打松散。每 50 kg 石灰膏掺 0.5 kg 麻刀，搅拌均匀成麻刀灰。室内顶棚打底要适当增加麻刀。

（五）107 胶（聚乙烯醇缩甲醛）

107 胶系由聚乙烯醇和甲醛为主要材料加少量盐酸、氢氧化纳及大量水，在一定温度下，经缩合反应而成的一种可渗于水的透明胶，有良好的胶粘性能。

107 胶在建筑装修中具有很高的使用价值，它不仅可用于调制腻子、胶结剂、聚合物、水泥浆等，而且可改进许多的传统饰面作法。因而，熟悉和掌握 107 胶的应用性能和特点，显得十分必要。107 胶有如下应用性能和特点。

粘结强度：107 胶可以代替一般的植物胶。当粘贴时，其粘结浓度高于国外的同类胶。在水泥砂浆中掺入适量的 107 胶，对砂浆基层和加气混凝土基层粘结强度均有明显提高。

防菌性：107 胶本身含有游离甲醛，因此它具有一定的防菌性。

吸水性：在石膏板或加气混凝土板涂 107 胶:水 = 1:2~3 的 107 胶时，可明显地减缓板的吸水速度。因此，有利于这类墙板进行饰面操作及抹灰砂浆中水泥的硬化。

耐磨性：水泥浆中加入 107 胶后，涂刷在墙板面所形成的涂层的耐磨性大有提高。

防止开裂：在墙面及地面涂层中掺入 107 胶可有效地防止涂层产生开裂现象。

三、饰面石材

饰面石材是将天然石材或人造石材加工成一块块的板材，通过镶贴或铺装的方法贴在墙面或地面上。饰面石板材主要分两大类，一类是天然石材，另一类是人造石材。

（一）天然石板材

天然石材是最古老的建筑材料之一。世界上有许多著名的古建筑是由天然石材建造而成的。近几十年来，钢筋混凝土的应用与发展，使其在很大程度上代替了天然石材，但在建筑装饰领域，天然石材一直是装饰材料中的上品，天然石材在装修中仍获得广泛的应用。其中，运用最普遍的主要有花岗岩和大理石这两大类石材。天然石材在地球表面蕴藏丰富，分布广泛，便于就地取材。在性能上，天然石材具有抗压强度高、耐久、耐磨等特点。

1. 花岗岩

花岗岩属火成岩中分布最广泛的一种岩石，其主要矿物成分为石英、长石及少量暗色矿物和云母。花岗岩是全晶质的（岩石中所有成分皆为结晶体），按结晶颗粒大小的不同，可分为细粒、中粒、粗粒及斑状等多种。花岗岩的颜色由造岩矿物决定，通常呈红、黄、黑、灰等颜色。优质花岗岩晶粒细，构造密实，石英含量多，云母含量少，不含有害的黄铁矿等杂质，长石光泽明亮，没有风化迹象。

花岗岩的技术特性是体积质量大（2 500～2 800 kg/m³），抗压强度高（120～250 MPa），孔隙率小，吸水率低（0.1%～0.7%），耐磨性好，耐久性高。花岗岩不抗火，因所含石英在573℃及870℃时发生晶态转变，体积膨胀，火灾时严重开裂。由于花岗岩质地坚硬、耐磨、耐酸、耐久，外观稳重大方，所以公认是一种高级的装饰材料。花岗岩多适用于建筑的外墙、内墙、地面、柱子、踏步、勒角等部位的装饰，具有良好的装饰效果。

花岗岩品种及色泽也很丰富，具体的花色可参考表2-1。

表2-1 国内主要花岗石板材品种、特色及规格

品　种	花色特征	规格 mm	生产厂
济南青 白虎涧 将军红	黑色有小白点 肉粉色带黑斑 黑色、棕红、浅灰间小斑块	各种规格 各种规格 各种规格	北京市大理石厂
白虎涧（粗磨板） 白虎涧（细磨板） 白虎涧（踏步板） 白虎涧（地面板）	肉粉色带黑斑 肉粉色带黑斑 肉粉色带黑斑 肉粉色带黑斑	500×400×20 500×400×20 130×450×12 130×450×12	北京花岗石厂
黑花岗石	黑色，分大、中、小花	600×500×20	山东临沂大理石厂
莱州白	白色黑点	900×600×20 600×600×20	

续表 2-1

品　种	花色特征	规　格 mm	生　产　厂
莱州青	黑底青白点	900×600×20 600×600×20	山东掖县大理石厂 （莱州牌）
莱州黑	黑底灰白点	900×600×20 600×600×20	
莱州红	粉红底深灰点	600×600×20	
莱州棕黑	黑底棕点	600×600×20	
济南青	纯黑	1200×900×20 1070×750×20 900×600×20 600×600×20 600×300×20	济南市 花岗石厂
红花岗石	紫红色	按需要尺寸加工，厚20	
白花岗石	白色	1200×900×20 1070×750×20 900×600×20 600×300×20	
白花岗石	白色	1200×900×20 1070×750×20 900×600×20 600×300×20	湖北黄石市 大理石厂
济南青	黑色	900×600×20 800×400×20 600×600×20	
芝麻青	白底、黑点	600×400×20	
红花岗石	红底起白点花	600×300×20 400×400×20 300×300×20	
花岗石板	黑或青色，带小白点	按需要加工	连云港市大理石厂
花岗石板	纯黑	各种规格	江西上高县 大理石厂
花岗石板	黑带白点	各种规格	

2. 大理石

大理石是大理岩，是由石灰岩或白云岩变质而成，其主要矿物成分仍然是方解石或白云石，变质后大理岩中结晶颗粒直接结合，呈整体构造，所以抗压强度高（100～300 MPa），质地致密，硬度不大，比花岗岩易于雕琢磨光。纯大理岩为白色，在我国常称汉白玉、雪化白等。大理石中如含有氧化铁、云母、石墨、蛇纹石等杂质，使石板呈现红、黄、绿、棕黑等各种斑驳纹理，呈丰富的样式。

大理石不适合用作建筑外墙的装饰，因为城市空气中常含有二氧化硫，遇水时生成亚硫酸，后变为硫酸，会与大理石中的碳酸钙反应，生成易溶于水的石膏，使表面失去光泽，变得粗糙多孔而降低其性能和装饰效果。大理石也不适合用于地面的铺设，因为它的耐磨性较差，另外大理石比较易脏会影响装饰的效果。

大理石适合用于室内的墙面、柱面、雕刻及家具中的台板、柜台等部位。

我国大理石品种繁多，产地遍及全国各地，具体可参见表2-2。

表2-2 国内部分大理石板材品种、特色及规格

品　　种	花　色　特　征	规　格 mm	生　产　厂
汉白玉	纯白色	各品种规格：	北京市大理石厂（华表牌）
桃　红	白色斑	305×305×20	
桔　红	黄白斑带黑点	610×305×20	
灵寿绿	浅绿色纹理	915×610×20	
墨　玉	黑色有隐纹	300×300×20	
银　晶	浅灰色深灰条纹	400×400×20	
艾叶青	中灰色白色花纹	600×300×20	
螺丝转	浅灰色、深灰螺纹带白纹	900×600×20	
芝麻白	浅灰色有深灰色花纹		
雪　浪	白底带黑色花纹	300×100×20	湖北黄石市大理石厂
秋　景	浅棕色带条状花纹	300×150×20	
墨　壁	黑色带少量条纹	250×250×20	
虎　皮	浅灰底色带黑花	610×305×20	
玛瑙红	红色底带花纹	500×500×20	
雪　花	雪白色	300×300×20	天津市大理石厂
花雪花	带白花、山水纹柳	300×400×20	
丹东绿	浅绿色	400×400×20	
晚　霞	晚霞光色	400×600×20	
莱阳绿	斑绿色	600×900×20	

续表 2-2

品 种	花 色 特 征	规 格 mm	生 产 厂
红 霞	大面积拼花酷似晚霞	各种标准规格：	
深 霞	图案似红黑彩练	300×150×20	
粉 霞	粉红色为主，色彩鲜嫩	300×300×20	
紫玫瑰	紫红为主，花纹似玫瑰	400×200×20	
红花溪	深红为主，水波相连纹	400×400×20	
白 浪	淡白灰，条带及斑点花纹似浪花	600×300×20	
奶 茶	色泽脂润似奶花，花纹茶褐色	600×600×20	
五彩锦	红、翠、粉、深绿为主色，团块云状花纹	900×600×20	四川省大理石
白玉小翠	纯白为主，间有淡翠绿隐花	1070×750×20	工业公司
银 灰	银灰色有隐条纹	1200×600×20	
灰丝玉	淡灰或中灰色有黑色条带	1200×900×20	
灰 锦	淡、中灰色，花斑锦簇	305×152×20	
云 灰	灰色，花纹条带似水墨画	305×305×20	
青木纹	青、灰色为主，间有木纹条带	610×305×20	
		610×610×20	
		915×610×20	
		1067×762×20	
墨 黑	纯黑	500×400×20	
雷 电	黑色带白线，形似雷电	500×400×20	山东临沂 大理石厂
海螺红	似红玛瑙	600×400×20	
纹脂奶油	奶白底带红色或灰色条纹	300×150×10~20	
		1070×750×20	
残 雪	墨黑底色带白色爪样花纹	600×300×20	贵阳市大理石厂
晶墨玉	全黑色，无杂斑	305×152×10~20	
		600×400×20	
海棠花	深棕底带黑白卵石状花	1220×915×20	

(二) 人造饰面板

人造石材又称合成石，具有天然石材的花纹和质感，重量只有天然材料的一半。且强度高、厚度薄，此外有耐酸、耐碱、抗污染等优点。其颜色和花纹均可根据设计意图制作，如仿大理石、仿花岗岩等。与天然石材相比，人造石材是一种比较经济的饰面材料。另外，它有良好的可加工性，可采用加工一般天然大理石的方法加工。

四、饰面陶瓷材料

饰面陶瓷是指建筑物室内外装修用的烧土制品。

(一) 釉面砖

釉面砖是用瓷土或优质陶土煅烧而成的。用来烧制坯体的主要原料为粘土（高岭石类粘土、蒙脱石类粘土、伊利石类粘土），另有长石（既是生产中的助熔剂又是釉彩层的主要成分）、石英（生产过程中用以减少坯体开裂并与长石一起形成玻璃态釉彩层）、滑石（改善釉彩层的弹性、热稳定性，并使坯体中形成含镁玻璃以防止生产过程中的后期龟裂）、硅灰石（可使釉面不会因气体析出而产生釉泡和气孔）等。用釉面砖装饰的墙面或地面具有坚固耐用、色彩丰富、易清洁、防火、耐腐蚀和耐磨等特点。

釉面砖多用与浴室、厨房、卫生间的墙面或地面以及一些台面等部位的装修。

(二) 陶瓷锦砖

陶瓷锦砖又称马赛克，是以优质瓷土烧制的片状小瓷砖，质地坚硬，经久耐用，色泽多样，耐酸、耐碱、耐火、抗磨、抗渗水、抗压力强、吸水率小，在±20℃温度下无开裂现象。

陶瓷锦砖产品在出厂之前都按各种图案粘贴在牛皮纸上，每张约30 cm见方，其面积约为0.093 m^2，重量约为0.65 kg，每40张为一箱。

(三) 玻化砖

玻化砖是近来投放市场的新型装饰面砖，它具有高光度、高硬度、高耐磨、吸水率低、色差小以及规格多样化和色彩丰富等特点，这种高密度、高强度的面砖，除外观上有多种多样的变化外，装饰在墙面或地面上有着显著的隔音、隔热功能。而且这种材料比天然石材轻，是新一代的天然石材替代产品。

玻化砖优良的理化性能来源于它的微观结构。它是多晶材料，主要由无数微米级的石英晶粒和莫来石粒构成网架结构。这些微小晶粒在高温时与其熔为一体的陶瓷玻璃体结合成致密的整体，这些晶体和玻璃体都具有很高的强度和硬度，晶粒和玻璃体之间具有相当高的结合强度。

干燥压制是玻化砖成型生产的主要工序，坯料在全自动油压机中压制成型，然后进入高温绝热百米长全自动辊道式窑炉，在1 200 ℃的高温下产生玻化质烧制成品，最后由全自动抛光机将砖体表面磨光，使玻化砖表面光滑平整。它适合于室内外墙面与地面的装修。

第二节　泥水工程施工

一、抹灰工程

在抹灰施工中，由于各层砂浆的作用不一，其成分和稠度也各有差异。底层砂浆主要起着与基体粘结的作用，所以要求砂浆有较好的保水性，它的稠度要比中层和面层要大，砂浆的组成材料要根据基体的种类不同而选用相应的配合比。中层起找平的作用，砂浆的种类基本与底层相同，只是稠度稍小。面层起到装饰的作用，要求涂抹光滑、洁净，因此要用较细的砂子或只用水泥。一般抹灰砂浆的配合比可参考表2-3，砂浆稠度及骨料最大粒径见表2-4。

表 2-3　一般抹灰的砂浆配合比

材　料	配合比（体积比）	应　用　范　围
石灰:砂	1:2～1:3	用于砖石墙(檐口、勒脚、女儿墙及潮湿房间的墙除外)面层
水泥:石灰:砂	1:0.3:3～1:1:6	墙面混合砂浆打底
水泥:石灰:砂	1:0.5:1～1:1:4	混凝土顶棚抹混合砂浆打底
水泥:石灰:砂	1:0.5:4～1:3:9	板条顶棚抹灰
石灰:水泥:砂	1:0.5:4.5～1:1:6	用于檐口、勒脚、女儿墙外角以及比较潮湿处
水泥:砂	1:3～1:2.5	用于浴室、潮湿车间等墙裙、勒脚等或地面基层
水泥:砂	1:2～1:1.5	用于地面、顶棚或墙面面层
水泥:砂	1:0.5～1:1	用于混凝土地面随时压光
水泥:石膏:砂:锯末	1:1:3:5	用于吸音粉刷
白灰:麻筋	100:2.5（质量比）	用于木板条顶棚底层
白灰膏:麻筋	100:1.3（质量比）	用于木板条天棚面层（或 100 kg 灰膏加 3.8 kg 纸筋）
纸筋:白灰膏	灰膏 0.1 m³，纸筋 3.6 kg	用于较高级墙面或顶棚

表 2-4　手工抹灰一般砂浆稠度及骨料最大粒径

抹　灰　层	砂浆稠度 cm	砂最大粒径 mm
底　层	10～12	2.8
中　层	7～9	2.6
面　层	7～3	1.2

二、顶棚抹灰

(一) 基层处理

混凝土顶棚抹灰的基层表面应在正式抹灰前处理干净，如表面的灰尘、污垢、油渍等，并要用水喷洒湿润。若为预制混凝土楼板，则应检查其板缝是否已用细石混凝土灌实，如果板缝灌不实，顶棚抹灰后会顺板缝产生裂缝。近年来，无论是现浇或预制混凝土，都大量采用钢模板，表面比较光滑，直接在上面抹灰，砂浆粘结不牢，抹灰层也会出现空鼓等现象。为此在抹灰时，应先在清理干净的混凝土表面用茅柴帚刷一遍水灰比为 0.37～0.40 的水泥浆进行处理或在墙面进行凿毛处理，方可抹灰。

(二) 找水平线

先根据顶棚的水平线，确定抹灰的厚度，然后在墙面的四周与顶棚交接处弹出水平线，作为抹灰的水平标准。水平线的标定可用水平仪来测定，也可用一根长长的透明塑料管注水后来测定。顶棚抹灰通常不做标志块和标筋，一般用目测的方法控制其平整度，以无明显高低不平及接槎痕迹为度。

（三）底、中层抹灰

一般底层砂浆采用配合比为水泥:石料膏:砂＝1:0.5:1 的水泥混合沙浆，抹灰厚度为 2 mm。抹中层砂浆的配合比一般采用水泥:石灰膏:砂＝1:3:9 的混合砂浆，抹灰厚度为 6 mm 左右，抹后用软刮尺刮平赶匀。抹灰的顺序一般是由前往后退，并注意其方向必须同基体的缝隙（混凝土板缝）成垂直方向，这样能使砂浆挤入缝隙牢固结合。在抹灰过程中，如底层砂浆吸水快，要及时洒水，以保证与底层粘结牢固。

（四）面层抹灰

待中层灰浆干至用手按不软但有指印的程度时，即可抹面层灰。抹面层灰一般分二步完成。第一遍抹得尽量薄一点，抹完后待灰浆稍干，再用抹子或压子等工具顺抹纹压实压光。

三、墙面抹灰

（一）做标志块

墙面抹灰的第一步即是做标志块，标志块的厚度决定了墙面的砂浆厚度。做标志块要先用托线板全面检查墙体表面的垂直平整程度，决定抹灰厚度。然后，在距顶部和地面 10～20 cm 处用抹灰砂浆各做一个标志块，其厚度一般为 1～1.5 cm 或根据抹灰厚度定，大小 5 cm 见方为宜。标准标志块做好后，再在标志块附近墙面上钉钉子，拴上小线拉水平通线，然后按间距约 1.3 m 左右加做若干标志块。在窗口、垛角处必须再做标志块。

（二）标筋

标筋就是在上下两个标志块之间抹出的一条长梯形的灰埂，宽度为 10 cm 左右，厚度与标志块保持一致平整，以此为墙面抹底灰填平的标准。

作法是在两个标志块中间先抹一层条状砂浆，再抹成梯形，要比标志块的厚度略高一点，然后用平整的木尺紧贴标志块来回搓一搓，直至把标筋搓得与标志块一样平为好。同时再将标筋的两边用刮尺修成斜面，使其与灰层接槎顺平。标筋的制作十分重要，它会直接影响后面的抹灰墙面是否平整，所以要制作细致。

（三）门窗洞口做护角

门窗的洞口及阴阳角的抹灰要求线条清晰挺直，因此都需要做护角。护角也起着与标筋同样的作用。

抹护角时砂浆的厚度要以墙面的标筋为依据，先要将阳角用方尺规方，靠门框一边，以门框离墙面的空隙为准，另一边以标志块厚度为据。最好在地面上划好准线，按准线粘好靠尺板，并用吊线吊直，方尺找方，然后，在靠尺板的另一边墙角面分层抹 1:2 水泥砂浆。护角线的外角与靠尺板外口平齐，一边抹好后，再把靠尺板移到已抹好护角的一边，用钢筋卡子稳住，用线锤吊直靠尺板，把护角的另一面分层抹好。最后，将靠尺板拿下，待护角的棱稍干时，再用阳角抹子和水泥浆捋出小圆角。

（四）抹灰

标筋及门窗护角做好后即可以抹底层灰，底层灰的厚度约为灰筋厚度的 2/3。用铁抹子先在两筋间墙上抹底层灰，由上往下抹，抹子横向将砂浆抹于墙面上。灰板要时刻接着灰，手握铁抹子要紧而有力，用力要均匀，以便使砂浆与墙面粘结牢固。不宜在上来回抹。前后抹上的砂浆要衔接牢固，要目测控制平整度。收水后再进行中层抹灰。

底层灰凝结后，依标筋的厚度装满砂浆抹中层灰。中层砂浆抹完后，用大刮尺按标筋刮平。使用刮尺时要均匀用力，由下向上刮几遍，直至搓平为止。最后用木抹子搓磨一遍，使表面平整密实。

最后是抹面层。抹面层灰应在中层砂浆五至六成干时进行。如中层较干，须洒水湿润后再进行。操作时先用铁抹子抹灰，再用刮尺由下向上刮平，然后用木抹子搓平，最后用铁抹子压光成活。

四、水泥砂浆地面施工

（一）材料要求

水泥要采用标号不低于 425# 的硅酸盐水泥或普通硅酸盐水泥。砂要采用中、粗砂，应洁净、无杂质，含泥量不大于 3%，不含有机物质，细度模数不小于 0.7。水一般要用自来水，不可用污水。施工中应严格控制配合比，常用的水泥砂浆配合比为水泥∶砂子＝1∶2（体积比）。同时要控制砂浆的稠度，一般砂浆的稠度大于 35 mm。

（二）施工准备

抹地前必须把基层或垫层清理干净，将下水管地漏口堵好，避免流入砂浆。门框要安装、校正、固定。楼梯栏杆要安装好。埋在楼地面下和墙内的管道、电线和其他预埋件应安装好，并固定。找好疏水坡度，在抹灰前应将厨房、浴室、厕所等房间的地面的流水坡度找好，弹出水平线，避免造成积水。

在抹灰时要注意室内地面的标高与走廊、卫生间、厨房、厕所等的标高区别。

（三）抹灰

首先要按水平线确定标筋位置，然后制作标筋。随后便可铺抹砂浆，砂浆的厚度要以标筋为准，最后用木标尺搓平。标筋的间距可控制在 1 500～2 000 mm 之间。在砂浆的初凝和中凝之间可用钢皮抹子进行压光工序。

水泥砂浆面层铺设后，均应在常温下湿润养护。养护期间每天浇水不少于 2 次，面层要覆盖沙子或木屑。

五、灰线的制作

灰线即是装饰线角的现场抹制，灰线和施工工艺在整个抹灰工程中是对技术要求最高的一种。它主要是利用各种不同的起伏、曲直、厚薄等线条造型达到装饰美化的效果。它常见于室内的顶棚四周、梁底、柱端、腰线及建筑外观的女儿墙、间隔墙及门套等处。

（一）灰线抹灰的专用工具

1. 死模

死模适用于顶棚四周与墙面交接处灰线的设置。死模利用上下两根固定的靠尺作轨道，推拉出线条。因它不能在靠尺中间取下，故称死模。

死模（见图 2-1）中间的一块木板称模身，上口有灰线处称模口，在模口包以白铁皮，以减少抹灰的摩擦阻力。顶面的一块木板称为模侧板，在模侧板上钉金属片或长方形小木块，称其为模头，在抹灰线时模头紧靠上靠尺。底面的木板称模底板，底板下面钉有一根小木条，抹灰线时，小木条坐在下靠尺上。

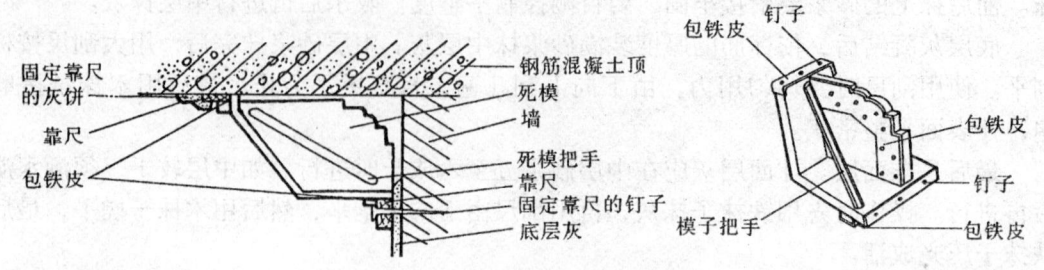

图 2-1 死模及死模安装示意图

2. 活模

活模（见图 2-2）适用于梁底及门窗角灰线，一般由模身和模口组成，模口也包白铁皮。活模在使用时，靠在一根靠尺上，用手握模拉出线条来。

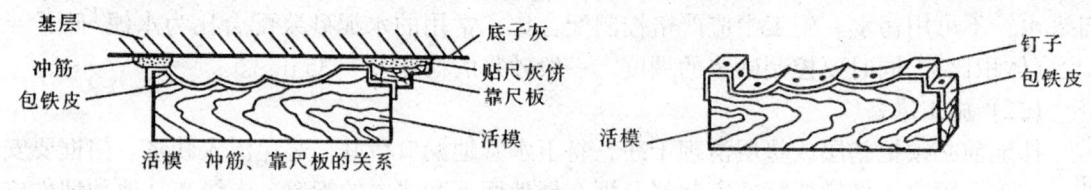

图 2-2 活模

（二）灰线抹灰操作方法

1. 死模双尺操作法

找规矩的方法与一般抹灰基本相同，但灰线抹灰的房间，四周墙面要先找方，不仅阳角方正，阴角也要归方。同时要找出顶棚抹灰的厚度并弹出上水平线。先抹墙面和顶棚底层、中层灰，靠顶棚处留出灰线的尺寸不抹，以用来在灰层上粘贴靠尺板，这样可以避免后抹灰时碰坏灰线。中层灰抹完后，按死模尺寸确定墙面靠尺板的位置，在四周的墙上弹一道水平标准线，并将下靠尺按此线贴好。靠尺可用石膏粉粘结，也可以将靠尺放稳后，找出砖缝位置，再用钉子钉起来，这样会更稳。下靠尺稳好后，把死模放在下靠尺上，用线锤挂直线找正死模的垂直平面角度后，靠模头外侧定出上靠尺的位置，然后按四角位置再弹水平线，依线粘贴上靠尺。死模装上后，要上下灰口适当（见图 2-3），死模在推拉

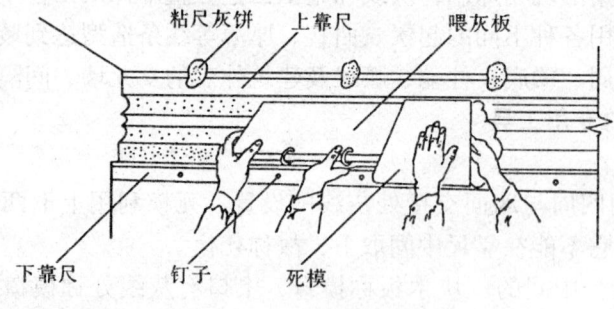

图 2-3 喂灰板操作

时要顺滑且不松动，如有阻碍和偏差可校正上靠尺。

灰线的制作要分层进行，以免砂浆一次涂抹过厚而造成起鼓开裂。死模要随时推拉，超过灰线面的多余砂浆要及时刮掉，低凹的地方应填补砂浆，直至灰线表面砂浆饱满平直。拉模及喂灰操作动作要协调，步子要稳，使喂灰板依靠模的推动前进。在拉罩面灰时，要分遍连续操作。死模只能前推，不能往后拉。不管是拉制出线灰或罩面灰，模头及模底板下面的小木条都要始终紧靠上、下靠尺板，用力要均匀，使死模平稳地沿轨道向前滑动。

2. 死模单尺操作法

单尺操作即只用下靠尺，不用上靠尺，而上靠尺用事先已抹好的顶棚中层砂浆的标筋压光条代替。这种方法可少贴上靠尺一道工序，但操作时比双靠尺的操作更难掌握，这要靠丰富的作业经验进行。操作时将死模下端卡在下靠尺上，左手把死模紧靠在顶棚抹灰层上，用右手推死模。其他操作方法基本与双靠尺作业法基本相同。

3. 活模的操作方法

活模在施工的操作上基本与死模的单尺操作相同。它一边靠在靠尺板上，一边紧贴在标筋上拉出线条。活模在使用上比较方便，可以经常调换模纹线。

六、剁斧石制作

剁斧石也称斩假石，它是一种人工模仿天然石材的装饰抹灰工艺。剁斧石是在水泥砂浆基层上涂抹水泥石粒浆，待硬化后，用剁斧、齿斧及各种凿子等工具剁出有规律的石纹，使其类似天然花岗石的表面形态。

在中层抹灰时采用1:2水泥砂浆，面层使用1:1.25的水泥石粒（内掺30%的石屑）浆，厚度约10 mm左右。

具体的操作方法是，在基层处理之后，按设计要求弹线分格，粘分格条。罩面操作一般分两次进行。常温下（15~30℃）要养护三天。待砂浆层完全干燥后，可先进行试斩，斩剁以石粒不脱落为准。

剁斧操作应从上向下进行，先斩转角和四周边缘，后斩中间墙面，转角和四周边缘的剁纹要与其边棱呈垂直方向，中间墙面斩成垂直纹。斩斧要保持锋利，斩剁时动作要快并轻重均匀。剁纹的深浅要尽量一致。每斩完一行可随时将分格条取出，同时检查分格缝内灰浆是否饱满、严密，如有缝隙和小孔，应及时用素水泥浆修补平整。

第三节 墙面饰面砖的镶贴施工

饰面砖的镶贴一般是指陶制釉面砖、瓷制釉面砖以及玻化砖和马赛克（玻璃锦砖）的镶贴。因为它们的镶贴技术基本上一致，所以就不分开来讲了，这里统称为面砖。

一、施工准备

（一）基层处理

镶贴饰面砖的墙面基体表面要有足够的稳定性和刚度，同时，对光滑的基体表面要进行打毛处理。打毛的深度应为 0.5~1.5 cm，间距 3 cm 左右。基体表面凸凹明显的部位，应事先剔平或用水泥沙浆补平。

（二）饰面砖浸水

面砖在镶贴前要先清扫干净，然后放入水中浸泡，约 2 个小时为宜。不经浸水的饰面砖吸水性较大，镶贴后会迅速吸收砂浆中的水分，影响粘贴质量。

（三）预排

饰面砖镶贴前应进行预排，预排时要注意同一墙面的横竖排列，均不能有一行以上的非整砖。非整砖行应排在最不醒目的部位或阴角处。饰面砖的排列方法很多，有无缝镶贴、有缝镶贴、划块留缝镶贴等。外形尺寸偏差大的饰面砖，不适合大面积无缝镶贴，否则不仅缝口参差不齐，而且贴到最后会难以收尾。对外形尺寸偏差大的饰面砖，可采用单块留缝镶贴，用砖缝的大小调节砖的大小，以解决尺寸不一致的问题。如果饰面砖的薄厚尺寸不一，可把薄厚不一的砖分开。

二、面砖的镶贴

在镶贴面砖时，先应依照室内标准水平线，找出地面标高；然后按贴砖的面积，计算纵横的块数；用水平尺找平，并弹出面砖的水平垂直控制线。如用阴阳角镶边时，则应将镶边位置预先分配好。镶贴时，则应先贴若干块废面砖作标志块，上下用托线板挂直，作为贴砖厚度的依据。

镶贴面砖应从阳角处开始，并由下往上铺贴。一般用体积比为 1∶2 的水泥沙浆。为了改善砂浆的和易性，便于操作，也可掺入不大于水泥用量 15% 的石灰膏。用铲刀在釉面砖背面刮满刀灰，厚度 5~6 mm，最大不超过 8 mm，砂浆用量以镶贴后刚好满浆为宜。贴在墙面的釉面砖应用力按压，并可用铲刀的木柄轻轻震动，使面砖紧密贴于墙面，再用靠尺按标志块将其校正平直。镶贴完整行的面砖后，再用长靠尺校正一下。对高于标志块的，需轻轻敲击，使其平整，如有低于标志块的，要取下面砖重新抹满砂浆再镶贴，不可在砖口处塞灰，这样会造成空鼓的情况。依次按上述的方法往上镶贴，并注意与相邻面砖的平整度。当贴到最上一行时，要求上口要形成一条直线。

在割砖时，可根据所需的尺寸用合金錾手工切割。对于质量比较坚硬的面砖要采用电动无齿锯切割。若墙面需留有洞口，如用于安装电源插座、开关或放置肥皂盒等，应预先将面砖用无齿锯割开。镶贴完毕后进行质量检查，用清水将面砖表面擦洗洁净，接缝处要用与釉面砖相同颜色的水泥擦嵌密实。

陶瓷锦砖因其表面光滑，又不吸水，故粘贴施工与面砖有所不同。

镶贴陶瓷锦砖一般是自下而上进行，按已弹好的水平线安放八字靠尺或直靠尺，并用水平尺校正垫平。通常是二人协同操作，一人在前洒水润湿墙面，先刮一道素水泥浆，随即抹上 2 mm 厚的水泥浆为粘结层；一人将陶瓷锦砖铺在木垫板上，纸面向下，锦砖面朝上，先用湿布把底面擦净，用水刷一遍，再刮素水泥浆，将素水泥浆刮至陶瓷锦砖的缝隙中，在砖面不要留砂浆。而后，再将一张张陶瓷锦砖沿尺粘贴在墙上。

将陶瓷锦砖贴于墙面后，一手将硬木拍板放在已贴好的砖面上，一手用小木锤敲击木拍板，把所有的陶瓷锦砖敲一遍，使其平整。然后，将陶瓷锦砖的护面纸用软刷子刷水润湿，待护面纸吸水泡开，即开始揭纸。因立面镶贴纸面不易吸水，可往盛清水的容器中撒少量干水泥并搅匀,再用刷子蘸水润纸,纸面较易吸水,可缩短护面泡水时间。揭纸时要有顺序地仔细操作,如发现小块陶瓷锦砖随纸带下,要在揭纸后重新补上。如随纸带下数量较多,就说明护面纸尚未充分湿透泡开,其胶水尚未完全溶化,应该用抹子将陶瓷锦砖重新压紧,继续刷水湿润护面纸,直至揭纸顺利为好。

在粘结水泥凝固后,要用素水泥浆擦缝。方法是先用橡皮刮板将水泥浆在陶瓷锦砖表面刮一遍,嵌实缝隙,然后用干水泥找补擦缝,全面清理擦干净后,第二天喷水养护。

第四节 地面饰面砖的铺设工程

地砖在铺设前应充分浸泡,以保证铺后不致过快吸收粘结砂浆中的水分而影响粘贴质量。浸水后阴干备用,以砖表面有潮湿感但手按无水迹为度。

铺设前基面要处理干净,特别是油渍一定要处理干净。对表面过于光滑的地面要打毛处理。地面的基体表面应浇水浸湿。

基面处理完后,就可根据设计要求确定地面标高线和平面位置线。一般采用尼龙线在墙面的标高点上拉出地面标高线,以及垂直交叉的定位线。

铺设地砖用的水泥砂浆可采用1:3比例调和,其稠度以手捏成团不散为宜,水分不可过大。然后就可按定位线铺设地砖。将地砖置于地面结合层进行铺贴,并用橡胶锤敲击地砖表面,使之与地面标高线吻合贴实,铺贴8块以上时应用水平尺检查平整度,如有高出来的地方要用橡皮锤敲平,低于标度线时要将其揭起重新用砂浆垫高。地砖的铺设通常采用T字形标准高度面;如果铺设面积较大,多人同时作业,也可采用十字形标准高度面。

对于卫生间或洗手间的地面,在铺设时应做出1:500的泛水坡度。

在整个地面铺设完毕之后,要养护二天再进行擦缝处理。其方法是,用干的白水泥在砖与砖之间的缝隙中涂抹,使地砖的拼缝内填满白水泥,最后将砖面擦净。

第五节 墙饰面石板材的安装

饰面石板材主要是指天然石材和人造石材两类。因为这类材料都比较重,多采用挂的方法安装。挂的技术主要有湿挂和干挂两种施工工艺。

一、湿挂墙柱饰面板的施工

湿挂饰面板是一种传统的饰面施工方法,它主要是采用绑挂和灌浆两种工序将饰面板与墙体连接起来。由于饰面石板材的施工难度较高,因此,对饰面板的安装施工技术要求更为准确、细致,必须在施工前做好各项准备工作。

(一)饰面板安装前的准备

1. 基层处理

基体应具有足够的稳定性和刚度。基体表面应平整而粗糙,对光滑的基体表面应进行打毛处理。

2. 抄平放线

墙面安装饰面板之前要先统一找平，分块弹线，并根据设计要求确定地平面标高位置。柱子安装饰面板之前，应先测量出柱子中心线和柱与柱之间的水平通线，并弹出柱子饰面板的墙面线。

3. 板材的检验与修补

饰面石板材在运输过程中破碎与被污染的要挑出另外堆放。对合乎外观要求的板材，再进行边角垂直测量、平整度检验、尺寸误差检验，以便控制安装后实际尺寸和对缝的垂直平直度。

另外，板材破裂可用环氧树脂粘结剂粘结修补。粘结时，首先应清理待粘断面，并用酒精擦拭清理干净，然后在两个粘结面涂胶，胶的厚度为0.5 mm左右。拼合粘结完后要在常温下养护3小时左右。

（二）饰面石板的安装

1. 绑扎钢筋网

钢筋网要按施工详图来绑扎。竖向钢筋的间距，如设计无规定，可按饰面板的宽度距离设置，通长宽度不大于50 cm。横向钢筋为绑扎钢丝或挂钩所需要，其上下排之间的高度要根据板的高度而定。当板的高度超过1.2 m时，中间要增加横向钢筋。钢筋网要焊接或绑扎在墙面或柱面的预埋钢筋上。如果在建筑施工中未设置预埋钢筋，也可在墙上钻锚固孔，如图2-4所示。钻孔深度不小于35~40 mm，孔径为5~6 mm。然后再安装胀管螺栓，将钢筋焊在胀管螺栓上。钢筋网必须焊牢，不得有活动和弯曲现象。钢筋网的钢筋一般用φ6的钢筋。

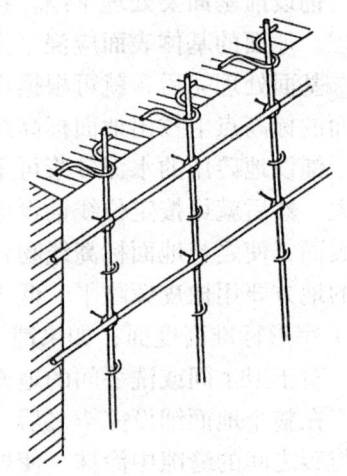

图2-4 墙面、柱面绑扎钢筋图

2. 预拼排号

为了使饰面石板在安装后颜色和花纹一致、纹理通顺、接缝严密吻合，安装前必须按大样图预拼排号。一般先按图排出品种规格、颜色与纹理一致的块料，按设计尺寸在地上进行试拼、校正尺寸及四角套方，使其合乎要求。凡阴角对接处应磨边卡角（图2-5）。

预拼好的大理石应编号，编号一般由下向上编排，然后分类立码备用。对有缺陷的石板材，一般要剔除或改小料用，或放置在边角不显眼的位置。

3. 钻孔、开槽、固定不锈钢丝

饰面石板预拼排号后，按顺序将板材侧面钻孔打眼。操作时应将饰面板固定在木架上。直孔的打法是用手电钻头直对板材上端面钻孔两个，孔位于距板材两端四分之一处，孔径为5 mm，深15 mm，孔位距板背面约8 mm为宜。如板的宽度较大（板宽大于60 cm），中间应增钻一孔。钻孔后用合金钢錾子朝板材背面的孔壁轻打剔凿，剔出深4 mm的槽，以便固定不锈钢丝或铜丝。然后将石板材下端翻转过来，用同样方法再钻孔两个并剔凿4 mm槽（见图2-6）。

目前，石板材的钻孔打眼方法正逐步被工效高的四道或三道槽的方法替代。其施工方

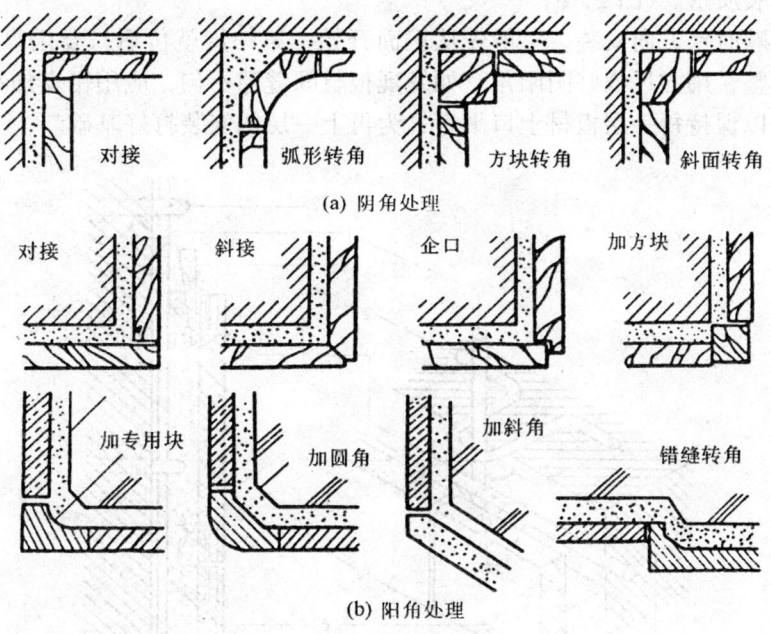

图 2-5 阴阳角的接缝

法为用电动手提式石材无齿切割机的圆锯片,在需绑扎钢丝的部位上开槽。四道槽的位置是:板块背面的边角处开两条竖槽,其间距为30~40 mm,在板块侧边处的两竖槽位置上部开一条槽,再在板块背面的两条竖槽位置下部开一条横槽(见图 2-7)。

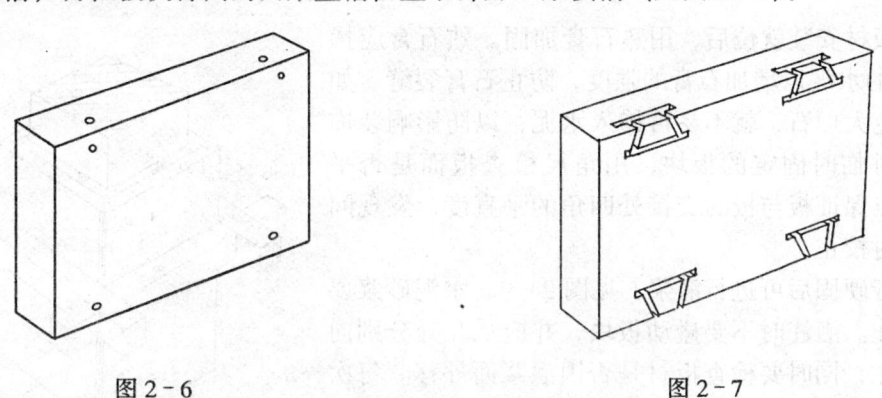

图 2-6　　　　　　　　　　图 2-7

板块开槽后,把备好的18号或20号不锈钢丝或铜丝剪成30 cm长,并弯成U型。将U形不锈钢丝先套入板背横槽内,U型的两条边从两条竖槽内通出后,在板块侧边横槽处交叉,然后再通过两竖槽将不锈钢丝在板块背面扎牢。但不能将钢丝拧得过紧,以防石材槽口断裂。

4. 石板的安装

石板的安装顺序要由下向上进行,每层板块由中间或一端开始。先将墙面最下层的板块按地面标高就位,如果地面尚未铺装,要用垫块把板块垫高至地面标高线位置。然后使板材上口朝外,将不锈钢丝绑扎在水平横筋上,再绑扎板材口不锈钢丝,绑好后用木楔垫稳。随后用靠尺板检查校正后,绑最后的不锈钢丝。最下一层定位后,再拉出垂直线和水

平线来控制安装质量。（图2-8）

柱面可按顺时针方向安装。一般先从正面开始，第一层就位后，要用靠尺板找垂直，用水平尺找平整，用方尺找好阴阳角。如发现板材间缝隙不匀，应用铅皮加垫，使板材间隙均匀一致，以保持每一层板材上口平直，为再上一层的安装打好基础。

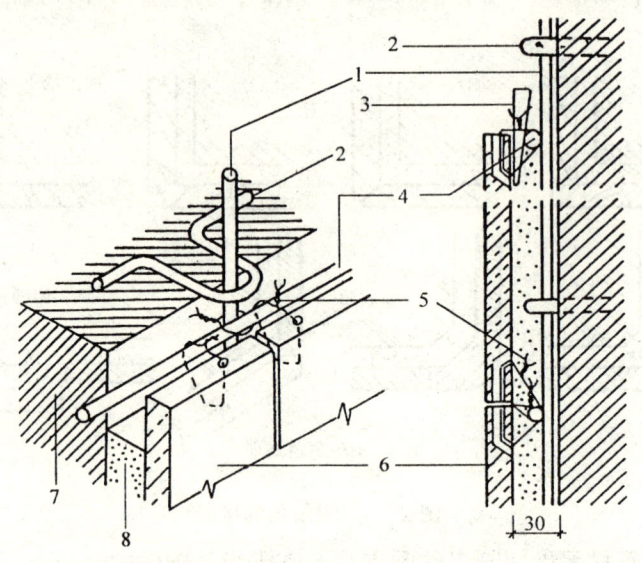

图2-8 大理石安装固定示意图
1—竖筋；2—预埋件；3—固定木楔；4—横筋；5—钢丝；6—石板；7—基面；8—水泥砂浆

石板材安装就位后，用熟石膏加固。熟石膏应掺加20%的水泥以增加石膏的强度，防止石膏裂缝。如果是白色大理石，就不易再掺入水泥，以防影响装饰效果。对临时固定的板块，用角尺检查板面是否平直，重点保证板与板的交接处四角的平直度，发现问题要即时校正。

石膏硬固后可进行灌浆，见图2-9。水泥砂浆要分层灌注。灌注时不要碰动板块，并应从几处分别向缝隙灌注，同时要检查板材是否因灌浆而外移。每次灌浆高度一般不超过150 mm，最多不得超过200 mm。一块石板材通常分三次灌浆来完成粘结。每次灌浆都需待上次水泥浆初凝后进行。若是多层石板材安装，则每层离上口80 mm处即停止灌浆，留待上层石板灌浆时进行，以使上下连成一体。如安装白色或浅色大理石饰面板，灌浆应用白水泥和白石屑，以防透底影响面饰效果。

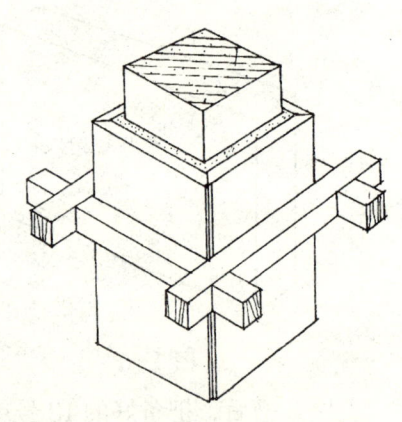

图2-9 石板材的柱面安装示意图

第三次灌浆完毕，待砂浆初凝后，即可清理板材上口余浆，并用抹布擦净。隔天再清理板材上口的木楔和有碍安装上层板材的石膏。要加强养护，防暴晒和碰撞等。

待全部的石板安装完毕，将表面清理干净，并用与石板材同样颜色的颜料调制水泥色浆嵌缝，使缝隙密实干净，颜色一致。抛光的石板材表面一般在工厂已经进行了抛光上蜡的处理，但施工过程中会使部分地方失去光泽，所以部分地方需要进行擦拭与抛光处理。

二、干挂墙面饰面板的施工

干挂饰面石板材是近年来常采用的一种新的施工工艺，与湿挂的施工方法相比，它具有现场施工速度快、重量轻等优点，并且省去了灌浆的工序。但干挂式的施工精确度要求比湿挂要高。

干挂式是用不锈钢角将石板材直接支托在墙面上，不锈钢角用膨胀螺栓固定在墙面上。上下两层不锈钢角的间距正好等于板块的高度。如果是幕墙，不锈钢角就要安装在铝合金龙骨上或轻钢龙骨上。该安装方式的关键工艺就是不锈钢角安装尺寸的准确和石板材上凹槽位置的准确。板块上的四个凹槽位应在板厚中心线上，并在距板侧边 80 cm 处。不锈钢角的分布方式见图 2-10，板材与墙体的关系见图 2-11。

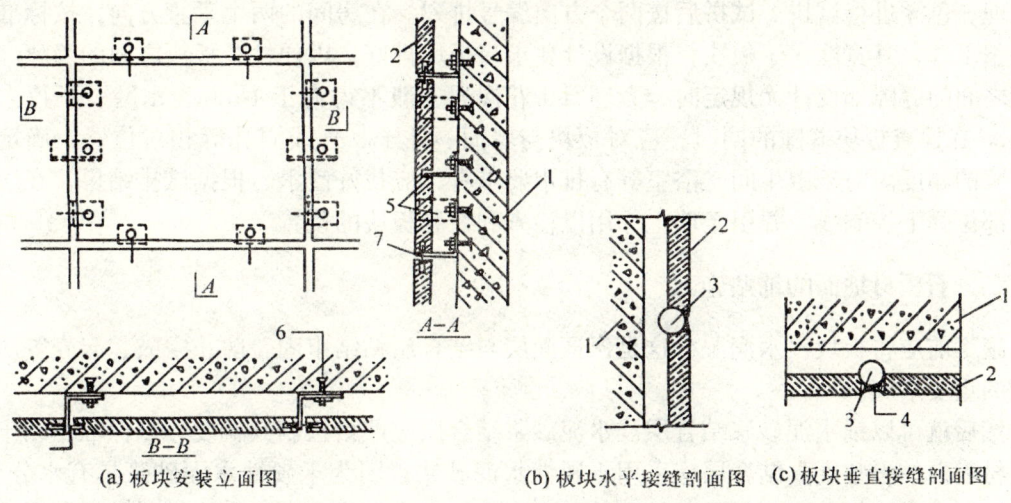

(a) 板块安装立面图　　(b) 板块水平接缝剖面图　(c) 板块垂直接缝剖面图

图 2-10　用扣件固定大规格石材饰面板的干作业作法
1—混凝土外墙；2—饰面石板；3—泡沫聚乙烯嵌条；4—密封硅胶；5—钢扣件；6—胀铆螺栓；7—销钉

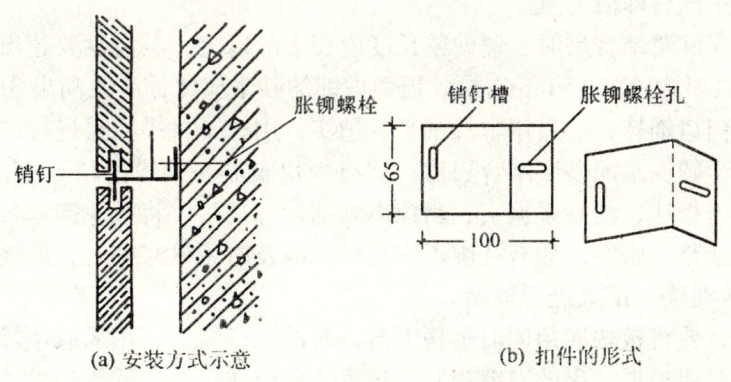

(a) 安装方式示意　　　　(b) 扣件的形式

图 2-11　胀铆螺栓固定扣件及扣件形式示意图

第六节 石板材的地面铺贴施工

一、施工准备

石板材地面铺贴前，应先挂线检查地面垫层的平整度。如果地面是光滑的混凝土，应先打毛，且基层表面应提前浇水润湿。

然后，根据设计要求确定平面标高。平面标高确定之后，在相应的立面上弹线，再根据板块尺寸挂线找中，即在房间地面取中点，拉丁字或十字线。与走廊直接相通的门口外，要与走道地面拉通线，板块布置要与十字线对称。

要根据标准线确定铺贴顺序和标准块位置。在选定的位置上，对每个房间的板块，应按纹理、色泽进行试拼。试拼后按两个方向编号排列。在房间的两个垂直方向，按标准线铺两条干砂，其宽度大于板块，根据设计要求将板块排好，以便检查板块之间的缝隙。板与板之间的缝隙如设计无规定时，大理石、花岗岩一般不得大于1 mm，水磨石不得大于2 mm。在检查板块缝隙的同时，应对板块与墙面、柱子、管线洞孔等相对位置，确定找平砂浆的厚度。对于卫生间、浴室等有排水要求者，应找好泛水。根据试排结果，在房间主要部位弹上控制线，并引至墙上，用以检查和控制板块的位置。

二、石板材地面的铺贴施工

施工前应将板块浸水润湿，这是保证面层与结合层粘结牢固，防止空鼓、起壳等质量通病的重要措施。

然后就可以铺水泥砂浆结合层。水泥砂浆结合层应严格控制其稠度，以保证粘结牢固及石材表面的平整度。结合层应采用干硬性水泥砂浆，因为干硬性水泥砂浆具有水分少、强度高、密实度好、成型早及凝结硬化过程中收缩率小等优点，因此采用干硬性水泥砂浆作结合层是保证板块料铺得平整、密实的一项重要措施。干硬性水泥砂浆的配合比（体积）常用1:1至1:3（水泥:砂），一般采用不低于325号水泥配制。现场测试的方法是用手捏成团，在手中颠后即散为宜。

铺干硬性水泥砂浆结合层时，铺砂浆长度应在1 m以上，其宽度要超出平板宽度20~30 mm，砂浆铺设厚为10~15 mm，楼、地面虚铺的砂浆应比标高线高出3~5 mm。砂浆应从里面向房间门口铺抹，然后用木尺刮平、拍实，用抹子找平，再进行试铺。试铺的操作程序是：铺设干硬性水泥砂浆结合层后，即将板块安放在铺设的位置上，对好纵横缝，用橡皮锤轻轻敲击板块，使砂浆振实，当锤击到铺设标高后，将板块搬起移至一旁，详细检查粘结层是否平整、密实，如有孔隙不实之处，应及时用砂浆补上，后浇上一层水灰比为0.4~0.5的水泥浆，正式进行铺贴。

正式镶铺时，要将板块四角同时平稳下落，对准纵横缝后，用橡胶锤轻敲振实并用水平尺找平。对缝时要根据拉出的对缝控制线进行，并应注意板块的规格尺寸必须一致，其长宽度不得超出1 mm的误差。锤击板块时不要敲砸边角，也不要敲打已经铺完的平板，以免造成饰面的空鼓。

对于要镶嵌铜条的地面板块铺贴，板块的规格尺寸更要求准确。铜条镶嵌之前，先将相邻的两块板铺贴平整，其拼接间隙略小于镶条宽度，然后向缝隙内灌抹水泥砂浆，灌满后抹平，而后将铜条敲入缝隙内，使之外露部分略高于板块平面。

对不设镶条的板块地面，应在铺贴完毕24小时再洒水养护。一般在2天后，经检查确认板块无断裂及空鼓现象，方可进行灌缝。用浆壶将稀水泥浆或1:1稀水泥砂浆灌入缝内2/3处，并用小木条把流出的水泥砂浆向缝内刮抹。灌缝面层上溢出的水泥砂浆须在凝结前清除。再用与板面相同颜色的水泥色浆将缝灌满。待缝内的水泥凝结后，再将面层清洗干净。

用花岗石及其他铺地石材铺地时其构造作法见图2-12。

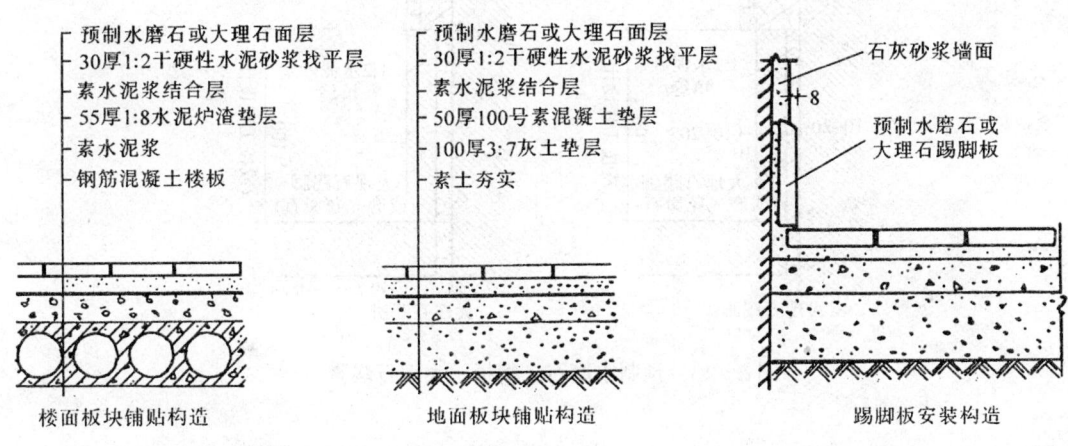

图 2-12

铺地石材的踢脚板高度一般为100~200 mm，厚度为15~20 mm。施工分粘贴和灌浆两种方法。施工前要用无齿锯按需要数量将阳角处的踢脚板一端切成45°。镶贴时由阳角开始向两侧试贴，检查是否平直，缝隙是否严密。无论采取什么方法安装，均先在墙面两端各镶贴一块踢脚板，其上沿高度应在同一水平线上，出墙厚度要一致。然后沿两块踢脚板上沿拉通线，逐块依顺序安装。

粘贴法的安装：根据墙面标筋的标准水平线，用1:2~2.5水泥砂浆抹底层并刮平划纹，待底层砂浆干硬后，将已湿润阴干的石板踢脚线抹上2~3 mm素水泥浆进行粘贴，并用橡皮锤敲打平整。

灌浆法的安装：将踢脚板临时固定在安装位置，利用石膏将相邻的两块踢脚板以及踢脚板与地面、墙面稳牢，然后用稠度10~15 cm的1:2水泥砂浆（体积比）灌缝。注意：随时把溢出的砂浆擦拭干净。待灌入的水泥砂浆终凝后，把石膏铲掉擦净，用与板色相同的水泥砂浆擦缝。

铺地石材踢脚线的构造作法见图2-13。

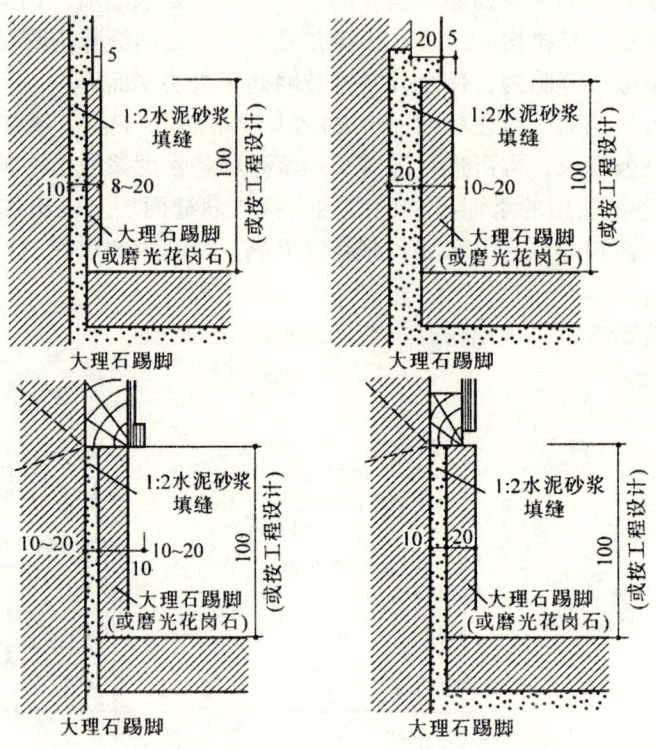

图 2-13 预制水磨石、陶板、大理石踢脚

第三章 木工装修工程

木质材料在传统的装修工程中一直是占主导地位的。在现代装修工程中，以木材作为装修材料的仍占相当大的比例。这是因为木材具有许多其他材料所无法比拟的装修质量和特殊效果，如加工方便、材质轻、良好的弹性、自然的纹理等都给人以自然、古朴、温暖、亲切的感觉。木材在装修材料中既可用作结构材料，又可用作装饰面材，这也是其他材料少有的功能。虽然木材有不耐潮湿、虫蛀、不耐火等缺点，但它依然受到人们的青睐，如木材的吊顶、地面、墙面的装饰等。特别是在家居等小型装修工程中应用更为普遍。此外，有关饰面材料的安装，如金属薄板、玻璃镜面、装饰面板等往往要依赖木质板材作衬板；墙纸、墙布、墙毡的裱糊或软包等装饰的施工，也常以木质板材作基层底板。

第一节 木 材

由于树种和生长环境的不同，各种木材在构造上的差别较大。木材的构造是决定木材性质的主要因素。

用肉眼或放大镜所看到的木材组织称为宏观构造。从木材的三个切面（横切面、径切面、弦切面）可看到，木材是由树皮、木质部和髓心三部分组成。木质部是木材的主体，髓心在树干中心，质较松软，强度低，易腐朽。在横切面上深浅相间的同心环为年轮。年轮由春材和夏材两部分组成。春材颜色较浅，组织疏松，材质较软。夏材颜色较深，组织致密，材质较硬。当树种相同时，年轮稠密均匀者，材质较好；而夏材部分多，则强度高、体积质量大。从髓心呈放射状横过年轮分布的射线称为髓线。髓线与周围连接较弱，干燥时易沿此线开裂。

在显微镜下所见到的木材组织称为微观构造。从显微镜下可观察到木材是由无数管状细胞结合而成。每个细胞都有细胞壁和细胞腔。细胞壁由若干层细纤维所组成，其纵向连接较横向牢固，造成细胞壁纵向强度高，横向强度低。组成细胞壁的纤维之间有微小的空隙能渗透和吸附水分。细胞组织的本身构造决定了木材的性质。木材组织均匀，细胞壁厚、腔小者，如夏材细胞，木质坚密、体积质量大、强度高，但湿胀干缩率也大。春材细胞壁薄、腔大，故质地松软，强度低，但干缩率小。

木材中水分的质量与干燥木材质量的比率称为木材的含水率。木材中的水分为存在于细胞腔和细胞间隙中的自由水及存在于细胞壁内部纤维之间的吸附水。当木材中仅有细胞内充满水，并达到饱和状态，而细胞腔及细胞间隙无自由水时，称为纤维饱和点。木材纤维饱和点一般为25%～35%，它是含水率是否影响强度和胀缩性能的临界点。

干燥的木材具有从周围的空气中吸收水分的性质，称为吸湿性。反之，潮湿的木材能在干燥的空气中失去水分。当木材的含水率与周围空气相对湿度达到平衡时，这个含水率称为木材的平衡含水率。木材平衡含水率随着使用环境的湿度、温度而变化。木材在使用过程中，为避免发生含水率的大幅度变化，而引起干缩、开裂，最好在加工之前，将木材干燥至较低的含水率。新伐的木材的含水率一般大于纤维饱和点，常在35%以上；风干木材含水率约为15%～25%；室干材含水率约为8%～15%；窑干材含水率则小于11%。

当木材从潮湿状态干燥至纤维饱和点时，木材的尺寸基本不变，仅体积质量减小。当干燥至纤维饱和点以下时，细胞壁中的吸附水开始蒸发，木材发生收缩。反之，干燥的木材吸湿，将发生体积膨胀，直到含水率达纤维饱和点为止，此后木材含水量继续增加，体积基本上不再变化。

由于木材构造的不均匀性，不同方向的干缩值也不同。顺纹方向干缩最小，约为0.1%～0.35%；径向干缩较大，约为3%～6%；弦向干缩最大，约为6%～12%。因此，湿材干燥后，其截面尺寸和形状会发生明显的变化。干缩对木材使用有很大影响，它会使木材产生裂缝或翘曲变形，以致引起木结构的接合松弛或凸起、装修部件的破坏等。

各种木材的相对密度均为155，说明木材的孔隙率很大。木材体积质量的变化范围很大，常用木材的气干体积质量平均为 500 kg/m³。根据木材体积质量的大小，可评价木材的物理力学性质，可用以鉴别木材的品种，并估计木材的工艺性能。

木材是非匀质的各向异性材料。作为建筑结构材料，需要利用木材的抗压、抗拉、抗剪及抗弯强度这一性能。而抗压、抗拉、抗剪强度又有顺纹、横纹之分。顺纹是指作用力方向与纤维方向平行，横纹是指作用力方向与纤维方向垂直。木材的顺纹与横纹强度有很大差别。

木材的强度除与本身的组织构造有关，也与木节、斜纹、裂纹、虫蛀、腐朽、含水率、负荷持续时间、温度等因素有很大关系。在纤维饱和点以下，随着含水率降低，吸附水减少，细胞壁趋于紧密，木材强度增大；反之，则强度减小。但木材含水率对强度的影响程度不同，对顺纹抗压和抗弯强度影响较大，对顺纹抗剪强度影响较小，而对抗拉强度几乎没有什么影响。

木材受热后，纤维中的胶结物质处于软化状态，因而强度降低，且温度较高，木材易开裂。因此，在长期受热达 50 ℃以上的部位，就不应采用木材。如温度超过 140℃，木材开始分解炭化，力学性质明显恶化。

木材的种类很多，按树种分为针叶树和阔叶树两大类。针叶树树干通直高大，体积质量小，质软，纹理直，易加工；木材胀缩变形较小，强度较高，常含有较多的树脂，较耐腐朽。所以，针叶树木材是主要的建筑用材，红松、白松、云杉、冷杉等广泛用作各种构件、装修和装饰的龙骨等。阔叶树树干通直部分一般比较短，大部分的树种的体积质量大，质硬。这类木材易翘曲、开裂，胀缩大，较难加工。有些硬木纹理清晰美丽，适用于制作胶合板、家具及其他装饰构件。常用的树种有柞木、榆木、桦木、水曲柳、椴木等。

第二节 人造板材

凡以木材为主要原料，或以加工过程中剩下的边皮、碎料、刨花、木屑等废料进行加工处理而制成的板材，通称为人造板。制造人造板的目的是，节约木材，提高木材的利用率。人造板种类繁多，在建筑装修中常用的有以下主要品种。

（一）胶合板

胶合板是利用原木，沿年轮切成大张薄片，经干燥、涂胶，按纹理交错重叠，在热压机上压制而成。胶合板有3、5、7、9…层，一般层数都是单数。胶合板的木材利用率高，材质均匀，不翘不裂，装饰性能好，是建筑装修中广泛应用的一种人造板材。

（二）细木工板

细木工板是用一定规格的木条排列胶合起来，用作细木工板的板芯，再上下贴粘胶合板作为面板。它集实木板与胶合板之优点，幅面开阔，平整坚挺，可像使用实木板一样做榫眼、旋螺钉等，是室内装修、做家具常用的板材。细木工板的规格主要是1 220 mm×2 440 mm，厚度为15、18、20、22 mm四种。

（三）刨花板

刨花板是利用各种机械刨花或加部分碎木屑，经过干燥、拌胶、热压而成。其特点是板面平、结构均匀密实、无疤节和木纹、不变形、不翘曲，但硬度较大，质量轻。可锯、钉、钻孔、胶结，加工方便。适用于隔墙、家具等制作。

（四）中密度纤维板

中密度纤维板是一种国内的新型材料，其优点是内部密度均匀、强度高、无疤节和木纹。它是由木屑、刨花等木材废料经破碎、浸泡、研磨成木浆，再经热压成型、干燥处理等工序制成。因成型时温度和压力的不同，纤维板分高、中、低密度三种。其常用的规格为2 440 mm×1 220 mm，厚度为9、12、15 mm。

第三节　装饰用木材

在装修工程中用于装饰的木材可称为装饰木材。起装饰作用的木材主要有两大类，即装饰面板和装饰线角。装饰木材在使用上的共同特点都是安装在表面，因此它们一般都要靠龙骨或底板打底。

（一）装饰面板

装饰面板的构造一般都与三层胶合板相同，由三张薄片涂胶后按纹理交错重叠，然后在热压机上加压制成。与胶合板的重要区别就是有一层面板是用上好的木材加工制成，这层面板也就是用作装饰的贴面层。装饰面板的面层板多是用好的硬木制成。常用的面板有枫木、白榉木、红榉木、橡木、水曲柳、柚木、花梨木等。常见的规格为2 440 mm×1 220 mm，厚度与三层胶合板相同。

（二）装饰木线条

木线条是装饰工程中各种平接面、相交面、分界面、层次面、对接面的衔接口、交接条的收边封口材料。装饰木线条在装饰结构上起着固定、连接和装饰的作用。木线条一般选用质硬、细密、耐磨、切面光滑、加工性质良好、粘结性好、钉着力强的木材，经干燥处理后，用机械加工或手工加工而成。木线条应表面光滑，轮廓分明，不应有扭曲和斜弯。木线条可油漆成各种色彩和木纹本色，可进行各种拼接，也可加工成各种弧线。

木线条种类繁多、尺寸各异，从使用上来分大致分为两类，一类是角线，其中包括阴角线与阳角线；另一类为腰线，其中包括收边线、腰线、镶板线、踢脚线等（图3-1）。

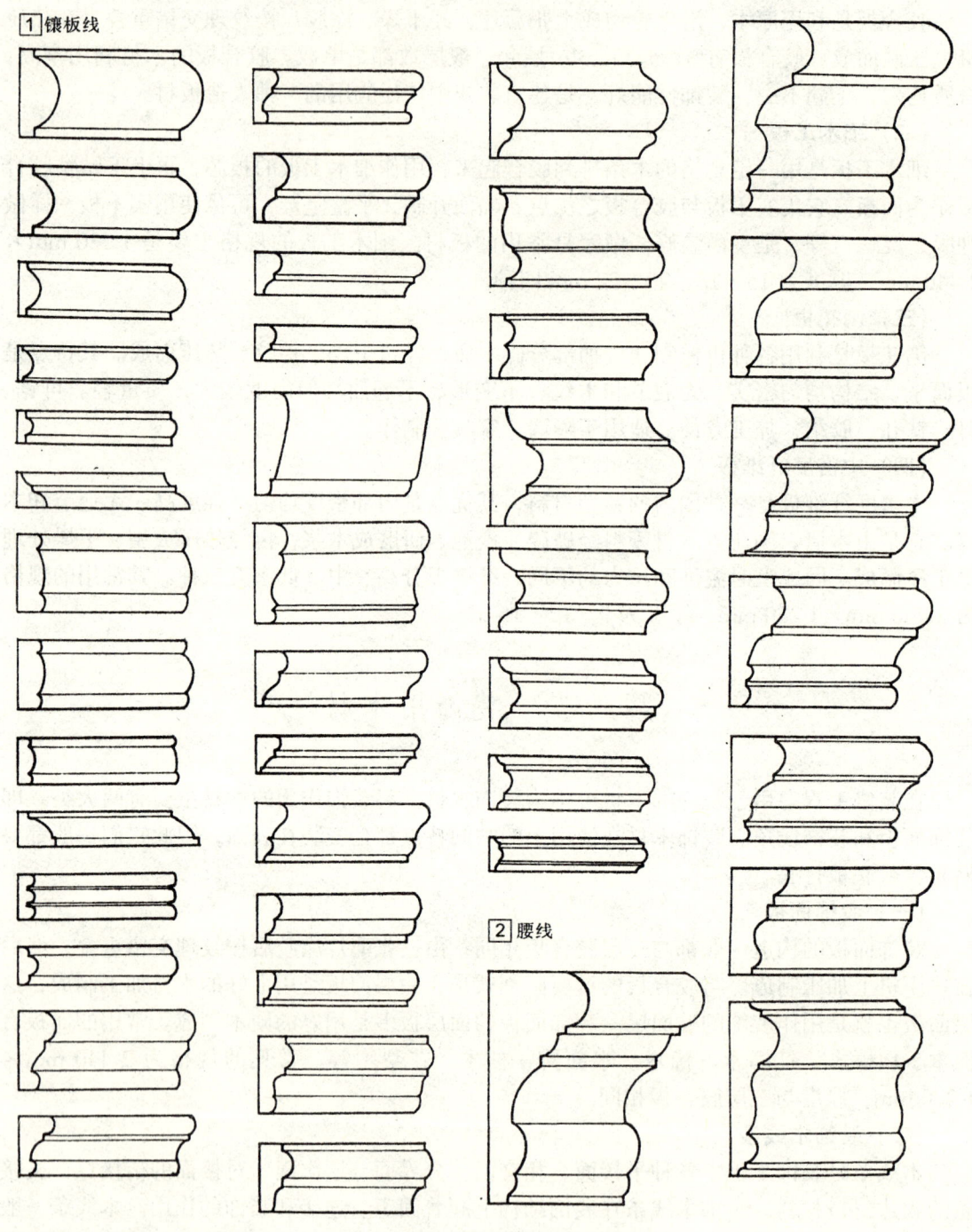

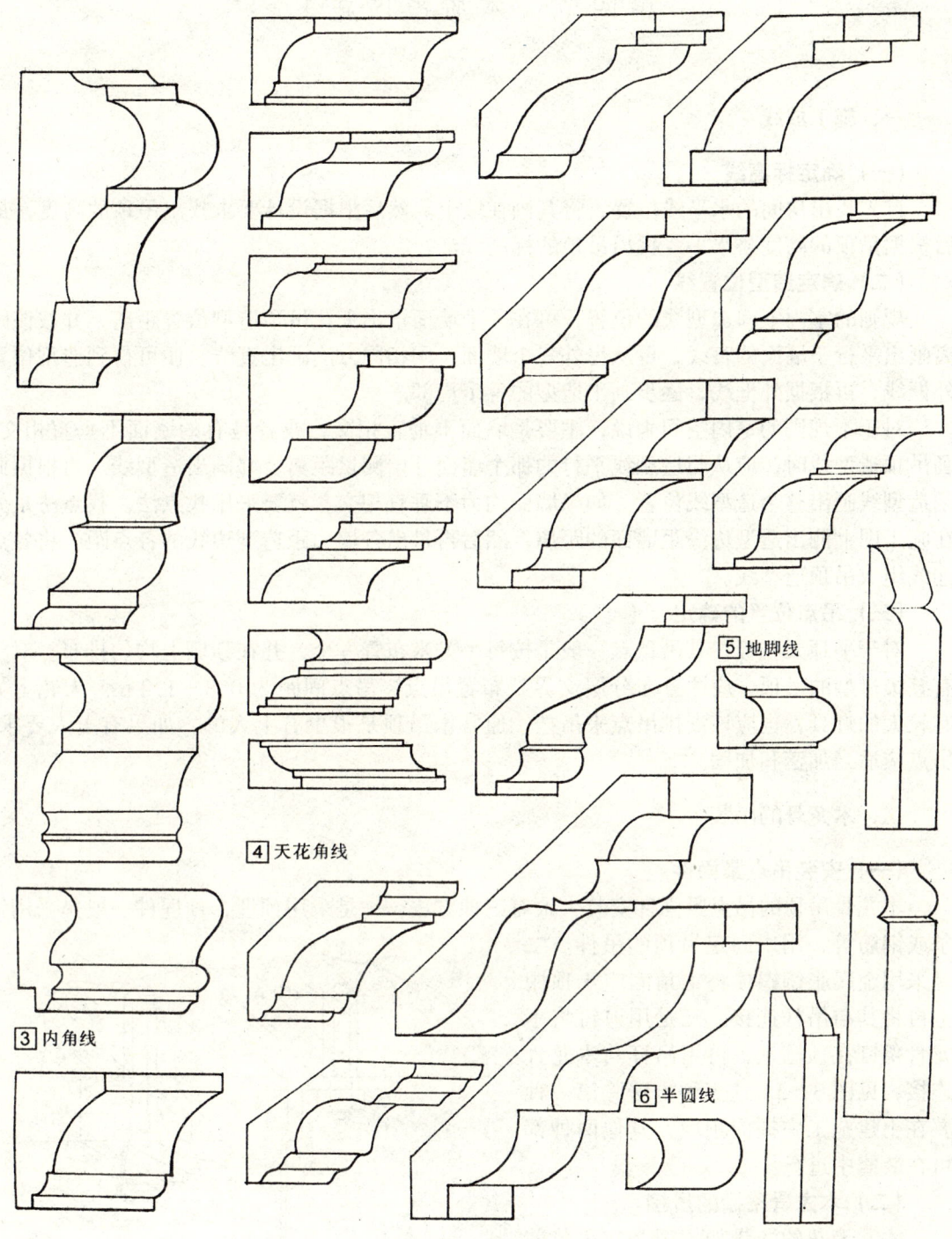

图 3-1 装饰木线

第四节 木质吊顶施工

一、施工放线

（一）确定标高线

首先找出房间的水平线位置，将其画在墙上。然后根据设计要求找出吊顶的高度，最后根据吊顶的高度与水平线找出吊顶的标高线。

（二）确定造型位置线

规则的室内空间造型线的位置，可在一个墙面量出天花吊顶造型位置距离，并按该距离画出平行于墙面的直线，再从另外三个墙面，用相同方法画出直线，便可得到造型位置外框线，再根据外框线，逐步画出造型的各个局部。

对于不规则的室内空间来说，主要是墙面不垂直相交，或者是有的墙面不垂直相交，画吊顶造型线时，应从与造型线平行的那个墙面开始测量距离，并画出造型线。再根据此条造型线画出整个造型线位置。如果墙面均为不垂直相交，就要采用找点法。找点法是先在施工图上测出造型边缘距墙面的距离，然后再量出各墙面距造型边线的各点距，将各点连线组成吊顶造型线。

（三）吊点位置的确定

对于平顶天花板，其吊顶点一般是按每平方米布置一个，并在顶棚上均匀排布。对于有叠级造型的吊顶，应注意在分层交界处布置吊点，吊点间距为 0.8～1.2 m。天花上如有较大的灯具，也应该安排吊点来吊挂。通常木吊顶是很少有上人的，如果有上人要求，吊点应适当加密和加固。

二、木龙骨的吊装

（一）安装吊点紧固件

木龙骨吊顶的吊点紧固件安装大致有三种方法，一是采用预埋，预埋件一般是采用钢条或钢筋等，用来固定吊顶的吊件。二是采用金属胀铆螺栓将钢角固定于顶棚上再将其与吊杆连接。三是用射钉将木龙骨条钉在顶棚上，再用吊杆与木龙骨连接，见图 3-2。这三种方法除第一种要在土建施工中提前预埋，其他两种都可在装修中进行。

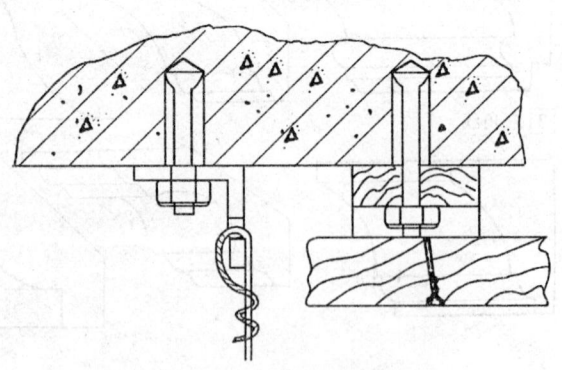

图 3-2 吊点固定形式

（二）木龙骨格栅的拼接

木质天花的龙骨架，通常在吊装前在地面进行分片拼接。目的是方便制作，节省工时，计划用料，简化安装。

通常的作法是先把吊顶面上需分片或可以分片的尺寸位置定出，再根据分片的尺寸进行拼接前安排。一般是先拼大片的木龙骨格栅，再拼接小片的木龙骨格栅。木龙骨的拼装采用扣合榫，在中心间距每隔300 mm处开出1/2深的凹槽（图3-3）。凹槽处涂聚醋酸乙烯乳液，然后按槽对凹槽的方法扣合，在扣合处用铁钉固定（图3-4）。

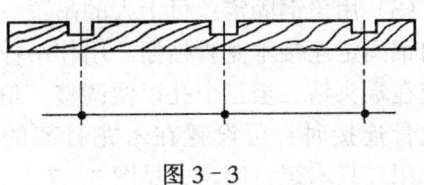

图3-3

（三）木龙骨吊装

1. 分片吊装

对于平面吊顶的吊装，通常先从一个墙角位置开始。先将扣合好的木龙骨格栅托起至吊顶标高位置。对于高度低于3.2 m的木格栅，可在龙骨托起后用高度定位杆支撑，使高度略高于吊顶标高线。高度定位杆的长度为吊顶标高尺寸。高度大于3 m时，可用铁丝在吊点上临时固定。用棉线或尼龙线沿吊顶标高线拉出平行和交叉的几条标高基准线，该线就是吊顶的平面基准。然后将木龙骨慢慢向下移位，使之与平面基准线平齐。待整片龙骨格栅调平后，

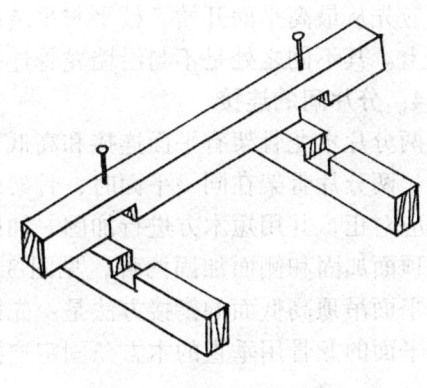

图3-4

将木龙骨架靠墙部分与沿墙木龙骨钉接。再用吊杆与吊点固定。

2. 与吊点固定

木龙骨格栅与吊点的固定方法很多，常用的方法有三种。

（1）用木方固定：吊杆木方与固定在建筑顶面的木方钉牢。用作吊杆的木方应长于吊点与龙骨架之间的距离100 mm左右，便于调整高度。吊杆与龙骨格栅固定后再将多余部分锯掉，其构造见图3-5。

（2）用扁钢固定：扁钢的长度应事先量好，并且在与吊点固定的端头，应事先打出两个调整孔，以便调整木龙骨的高度。扁钢与吊点用螺栓连接，扁钢与木龙骨用二只木螺钉固定。扁钢端头不得长出木龙骨架下的平面，构造见图3-6。

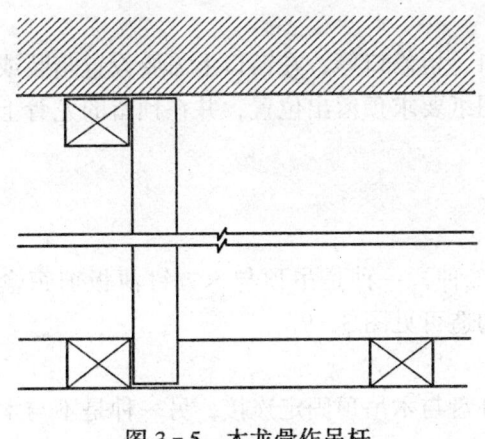

图3-5 木龙骨作吊杆

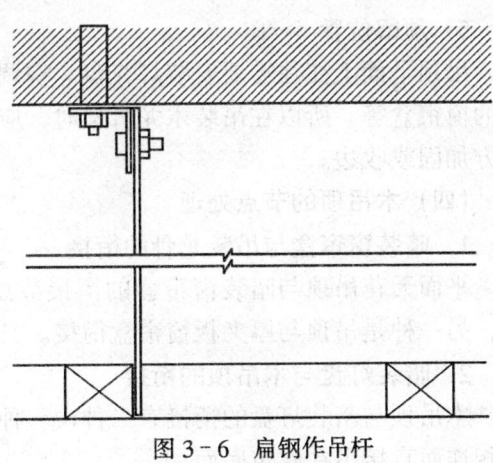

图3-6 扁钢作吊杆

(3) 用角钢固定：可上人的吊顶一般采用角钢固定连接木龙骨格栅。用作吊杆的角钢应在端头钻二至三个孔以便调整。角钢与木龙骨连接时，可设置在木龙骨架的角位上，用二只木螺钉固定，见图 3-7。

3. 叠级式天花的吊装

应先从最高平面开始，校平与吊装的方法同上。其不同之处是不与沿墙龙骨连接。

4. 分片间的连接

两分片木龙骨架有平面连接和高低连接两种。两分片骨架在同一平面时，骨架的各端头应对正，并用短木方进行加固。加固方法有顶面加固和侧面加固两种，见图 3-8。

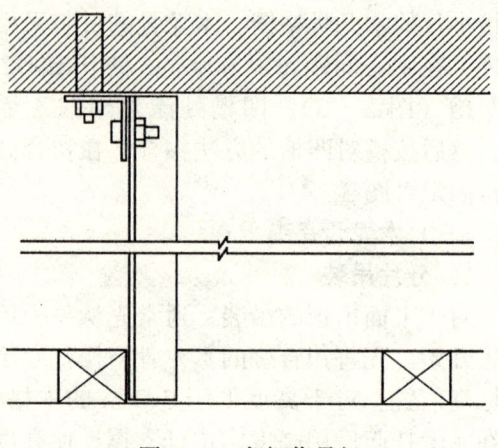

图 3-7 角钢作吊杆

叠级平面吊顶高低面的衔接方法是：先用一条木方斜位地将上下两平面龙骨架定位，再将上下平面的龙骨用垂直的木方条固定连接。

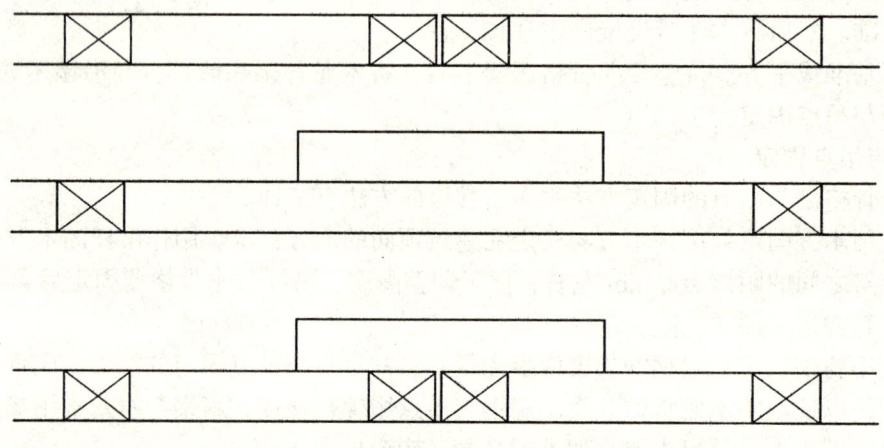

图 3-8 木龙骨分片连接

5. 预留位置

吊顶平面上往往需要安装灯光盘、空调风口、检修口等，在窗口上需要设置暗装或明装的窗帘盒等。所以在吊装木龙骨架时，应按图纸要求预留出位置，并在预留的龙骨上用木方加固或收边。

（四）木吊顶的节点处理

1. 暗装窗帘盒与吊装龙骨的衔接

平面天花吊顶与暗装窗帘盒的衔接节点有二种，一种是吊顶与木方钉薄板窗帘盒衔接，另一种是吊顶与厚夹板窗帘盒衔接。具体构造可见图 3-9。

2. 暗装灯盘与木吊顶的衔接

木吊顶与暗装灯盘的衔接有二种，一种是灯盘与木吊顶固定连接，另一种是不与木吊顶相连而直接吊在建筑底面。

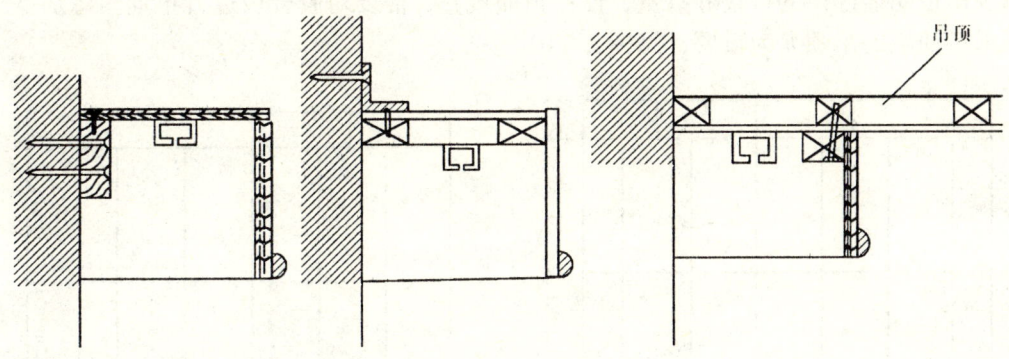

图 3-9 窗帘盒的固定和暗装外接式窗帘盒

3. 灯槽与木吊顶的衔接形式

木吊顶与灯槽的衔接方法归纳起来主要有三种：平面灯槽、侧向反光灯槽、顶面半间接反光灯槽。

三、吊顶面木胶合板的安装方法

（一）安装胶合板的准备工作

1. 选板

室内装饰的吊顶胶合板可选用三层或五层的胶合板，具体的选定要根据木龙骨格栅的情况而定。如果木龙骨格栅的密度较小，三层胶合板便可；如果木龙骨格栅密度较大，那么最好采用五层胶合板。另外，要检查胶合板有无起鼓、变形，有无脱胶、起泡及其他难以修补并对装饰效果产生影响的缺陷。

2. 板面弹线

将挑选好的胶合板正面向上，按照木龙骨格栅的中心线尺寸弹出分格线，以保证板面在安装时，可确定钉子固在木龙骨上而不钉空。

3. 板面打坡口

在胶合板的正面四边，用刨刀按 45°角刨出坡口，宽度在 2~3 mm 左右，作为板与板之间的伸缩缝，以便在嵌缝补腻子时，将各板缝严密补实，减少缝隙的变形。

4. 防火处理

如果装饰有防火要求，应在以上工序完成后进行防火处理。方法是在木龙骨和胶合板的背面涂刷防火涂料，一般要刷三遍晾干后备用。

5. 工具准备

安装胶合板可采用手工工具与电动机具进行。手工工具主要是锤子，机具有电动射钉枪和气动射钉枪。电动射钉枪可直接用 220 V 电源，气动射钉枪需与电动空气压缩机配套使用。钉木胶合板采用手工操作，一般采用 16~20 mm 的铁钉，铁钉在使用前要将钉头敲扁。射钉枪一般采长 15~20 mm 的枪钉。

（二）胶合板的安装

1. 布置胶合板

为了节省材料、避免安装错误，在装修工程中安装胶合板需要进行事先安排。为了尽量减少吊顶明显部位的拼接缝数量，使吊顶面规整，需要对胶合板进行布置。特别是饰面为原木色油漆的吊顶尤为重要，见图3-10。

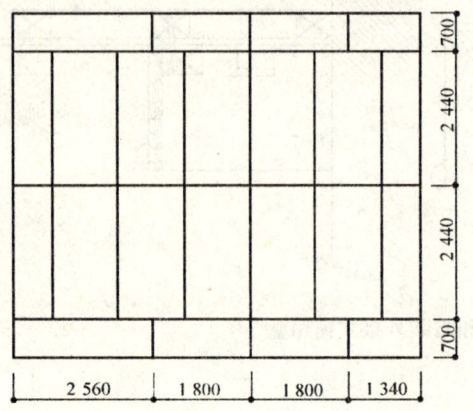 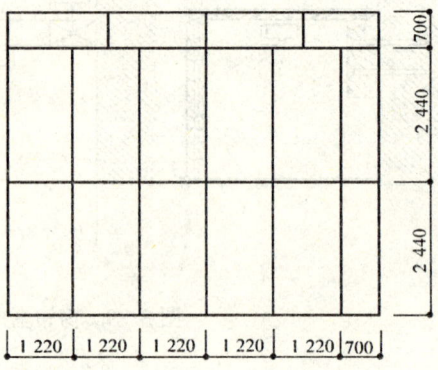

图3-10 胶合板布置

2. 留出设备的安装位置

根据施工图在木夹板上留出空调的冷暖风口、排气口、暗装灯具口，也可先将各种设置的留空位置在木夹板上画出，待钉好吊顶后再切割。

3. 钉胶合板

将胶合板正面朝下，托至预定的位置，使胶合板上的画线与木龙骨中心线对齐。从胶合板的中间开始钉，逐步向四周展开。钉位可沿胶合板上画线位置进行，分布应均匀，钉距在150 mm左右，钉头要钉入胶合板内。板与板间要留5 mm的间隙。钉胶合板最好采用射钉，如采用铁钉，钉装完成后要在钉头上涂防火漆。

第五节 木质墙、柱的施工

一、木质墙的施工

木质墙可分为两大类，第一类为木质隔墙，第二类为饰面木质墙。两者的区别在于，前者是全部采用木材来制作墙体，后者是对建筑墙体的包装，一般是指土建中的混凝土墙或砖墙。

（一）木质隔墙

木质隔墙由上槛、下槛、立筋、横挡及贴板等几部分构成，除贴板部分其他均属木龙骨。一般用来制作木龙骨的木方多采用40 mm×60 mm的规格，但根据工程的需要也可采用规格更宽的木龙骨。用作木龙骨的材质一般多采用松木或杉木。

隔墙木龙骨的安装程序为：弹线→安装靠墙木龙骨立筋→安装上下槛→安装横挡。其具体作法是，先在楼地面上弹出隔墙的边线，并用坠将边线引到两端墙上，引至楼板或过梁的底部。根据所弹线的位置打木楔，间距在60 mm左右。然后钉靠墙立筋，再将上槛木龙骨托至楼板或梁底钉牢，两端要顶住靠墙立筋。再将下槛木龙骨对准地面事先弹好的隔墙边线，两端顶紧在靠墙立筋底部，而后在下槛上划出其他立筋的位置线。

接下来可安装立筋，立筋的间距要根据贴板的尺寸而定，如果贴板的宽度超过100 cm要增加立筋。立筋的安装要保证垂直，上下端要紧紧顶住上下槛，分别用钉斜向钉牢。然后可根据贴板的尺寸安装横挡。最后在木龙骨上钉贴板。贴板的种类很多，根据情况可采用胶合板、中密度板、刨花板、麻屑板等。木隔墙的构造见图3-11。

1. 木龙骨与建筑墙体的连接

根据现代室内隔墙的设计，在建筑主体结构内作预埋的情况已很少了。因此，隔墙木龙骨的靠墙或靠柱安装，多采用木楔圆钉固定的方法。即使用16~20 mm的冲击钻头在墙体或柱体上打孔，孔深不小于60 mm，孔距600 mm左右，孔内打入木楔，安装靠墙竖龙骨时将龙骨与木楔用铁钉连接固定。对于墙面平整度误差在100 mm以内的基层，要重新抹灰找平。（图3-12）

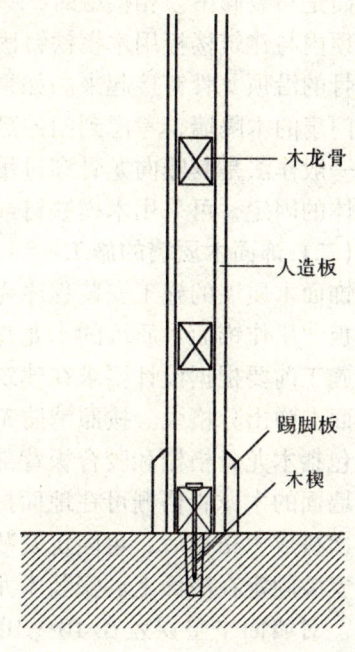

图3-11 木隔墙构造

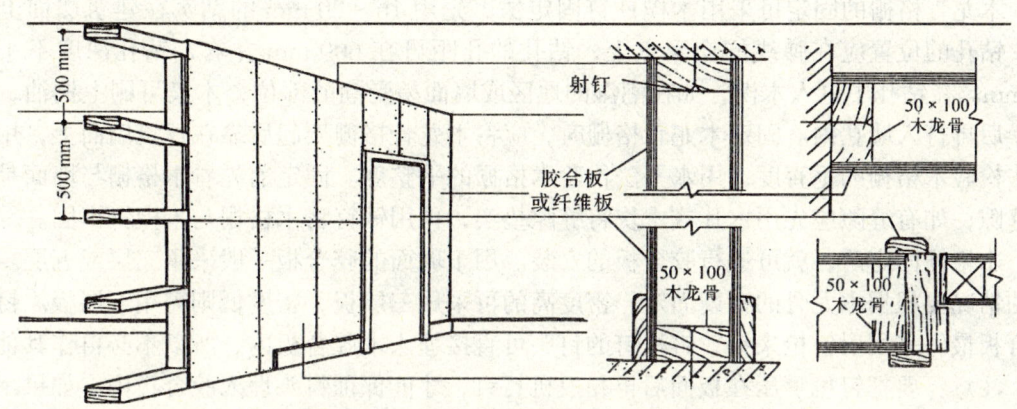

图3-12 板材隔墙

2. 木龙骨与地面的连接

木龙骨与地面的连接一般用φ7.8 mm或φ10.8 mm的钻头按300~400 mm的间距在地面打孔，孔深为45 mm左右，利用M6或M8的膨胀螺栓将沿地龙骨固定。对于面积较小的隔墙，也可采用木楔铁钉固定法，即在地面打φ20 mm左右的孔，孔深50 mm左右，孔距300~400 mm，孔内打入木楔，将隔墙木龙骨的沿地龙骨用铁钉钉在木楔上。对于较简易的隔墙木龙骨架，也可采用高强水泥钉，将木框架沿地龙骨钉牢在混凝土地面上。

3. 木龙骨与屋顶的连接

在一般情况下，隔墙木龙骨的顶部与建筑楼板底的连接有多种方法，如采用射钉固定连结件或采用膨胀螺栓、木楔铁钉连接等作法均可。但是，隔墙上部的顶端若不是建筑结构，而是与装修吊顶相接触时，只要求与吊顶面间的缝隙小而平直，隔墙木骨架可独自通入吊顶内与建筑楼板用木楔铁钉固定。当与吊顶的木龙骨接触时，应将吊顶木龙骨与隔墙木龙骨的沿顶龙骨钉接起来。如果两者之间有接缝，还应垫实接缝后再钉钉子。对于设有开启门扇的木隔墙，考虑到门的启闭振动及人的往来碰撞，其顶端应采取较牢靠的固定措施。一般作法是其竖向龙骨穿过吊顶面与建筑楼板底面固定，需采用斜角支撑。斜角支撑与基体的固定，可采用木楔铁钉或膨胀螺栓。

（二）饰面木质墙的施工

饰面木质墙的施工安装程序为：弹线→拼装木龙骨架→安装木龙骨架→钉胶合板→贴饰面板。用作饰面木质墙的木龙骨一般采用 30 mm×40 mm 的木方。

施工前要根据设计要求在建筑的墙体上弹线，通常按木龙骨格栅的分档尺寸，在建筑的墙面上弹出分格线。按照消防条例的规定，室内装饰中的木结构部分都要作防火处理，其中包括木龙骨格栅和胶合板背部涂刷三遍防火漆。

墙面的木龙骨格栅可在地面拼装，木格栅要采用扣合榫拼装。对于面积不大的墙身，可一次拼成木格栅后，再固定安装在墙面上。对于大面积的墙身，可将拼成的木龙骨格栅分片安装固定在墙面上。安装木龙骨格栅前要用垂线法和水平法来检查墙身的垂直度与平整度。对墙面平整误差在 10～100 mm 以内的墙体，可进行重新抹灰修正；如误差小于 10 mm，通常不再修正墙体，而是在建筑墙体与木骨架间加木垫来调整，以保证木龙骨格栅的平整度。

木龙骨格栅的固定可采用木楔铁钉固定法。先用 16～20 mm 的钻头在建筑墙面上钻孔，钻孔的位置应在弹线的交叉点上，钻孔的孔距可在 600 mm 左右，钻孔深度不小于 60 mm。在钻孔中打入木楔，如在潮湿的地区或墙面易受潮的部位，木楔可刷上桐油，待干燥后再打入墙孔内。固定木龙骨格栅时，应将木龙骨格栅架起后靠在建筑墙面上，用垂线法检验木格栅的垂直度，用水平法检验木格栅的平整度。固定前先看木格栅与墙面是否有缝隙，如有缝隙应先用木片或木块将缝隙垫实，再用铁钉将木格栅与木楔钉牢固。

木格栅固定后，就可进行胶合板的安装。用于墙面的胶合板一般采用三层或五层。具体的情况要根据木龙骨的密度而定，密度高的可采用三层板，密度低则需用五层板。钉装胶合板最好采用射钉枪来钉，钉枪钉的钉头可直接埋入木胶合板内，所以不必再作其他处理。注意：要把钉枪嘴压在板面后再扣扳机打钉，才能保证钉头埋入胶合板内。如果用铁钉钉胶合板，要将钉头打扁后方可进行钉装，钉完后还要用冲子将钉子向里冲一下，并要在钉尖上涂上防锈漆。

在胶合板墙身的基面上可贴装各种面饰，其中包括贴装饰面板、贴墙纸、镶镜面或采用多种涂饰手法等。

二、柱子的包装施工

柱子的施工程序为弹线→制作样板→制作龙骨架→钉胶合板→贴饰面板，柱子在装饰工程中虽然工程量不算多，但能体现装饰的工艺和技术水平。因此，要求装饰造型准确，工艺处理精细。装饰柱子的基本原则是不破坏原建筑柱体的形状，不损伤柱子的承载力。

（一）弹线

对于柱子的弹线，操作人员要具备一些平面几何的基本知识。在柱体弹线工作中，将原建筑的方柱包装成圆柱的弹线工艺较典型,这里以方柱装饰成圆柱的弹线方法为例,介绍柱子弹线的基本方法。

一般画圆都是从圆心开始,求出半径后将圆画出。但圆柱的中心点因已有建筑方柱,而无法直接得到。要画出圆柱的底圆就必须用变通的方法。不用圆心而画出圆的方法很多,这里仅介绍一种常用的弦切法。

用这种方法确定圆柱底圆的步骤如下:

(1) 确定基准方柱的底框

因为土建施工中柱子的尺寸都会有误差,方柱也不一定是正方形,所以必须确立方柱底边基准方框,才能进行下一步的画线工作。确立基准底框的方法为,先测量方柱的尺寸,找出最长的一条边,再以这条边为边长,用直角尺在方柱底弹出一个正方形,该正方形就是基准方框;然后标出每条边的中线(见图3-13)。

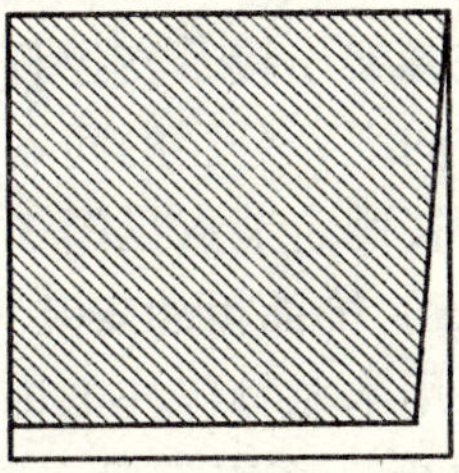

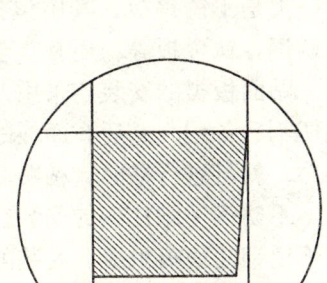

图3-13 圆柱样板

(2) 制作样板

用一张纸板或三层胶合板,以装饰圆柱的半径画一个半圆,剪裁下来。在这个半圆形上,以标准底框边长的一半尺寸为宽度,作一条与该半圆形直径相平行的直线,然后从平行线处剪裁这个半圆。所得到的这块圆弧板,就是该柱的弦切弧样板。

以该样板的直边,靠住基准底框的四个边,将样板的中点线对准基准底框边长的中心,然后沿样板的圆弧边画线,这样就得到了装饰圆柱的底圆(见图3-14)。顶面的画线方法基本相同。但基准顶框必须通过与底边框吊垂直线的方法来画出,以保证地面与顶面的一致性和垂直度。

图3-14 装饰圆柱底圆

(二) 制作木龙骨架

木龙骨架主要用于木质面板贴面、防火板贴面、不锈钢饰面板及复合塑铝板等。

木龙骨架可分为两半进行制作,如果柱子过大、过粗,也可分为四半进行。

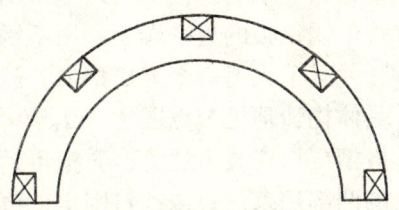

图3-15 圆柱木龙骨架

制作柱子的龙骨分横向龙骨和竖立龙骨。横向龙骨一般需用细木工板加工成弧线,然后在其内弧根据竖向龙骨的断面尺寸开槽。开槽的间距一般可控制在300~400 cm之间,或以圆柱的平均分配为尺度。竖向龙骨一般均采用木方制作。竖向龙骨和横向龙骨之间可采用胶结与铁钉钉合的方法。具体的构造节点参考图3-15。

(三) 胶合板的安装

用作包柱的胶合板一般采用三层板,但如果弧度比较大,也可采用五层胶合板。安装胶合板前先在木龙骨外侧涂上白乳胶,然后将胶合板按木龙骨的形状包合,一边包合一边用射钉将胶合板钉在木龙骨上。如果采用铁钉,钉头必须先打扁后再钉合,而且铁钉钉头部分要刷防锈漆。

(四) 柱子与建筑的连接

为保证装饰柱体的稳固,通常在建筑的原柱体上安装支撑拉杆,使之与装饰柱体骨架相固定连接。支撑拉杆用木方制作,并用膨胀螺栓或射钉、木楔、铁钉与建筑柱体连接。另端用铁钉与装饰柱骨架连接。支撑杆应分层设置,在柱体的高度方向上,分层的间隔为800～1 000 mm。支撑杆的连接固定节点见图3-16。

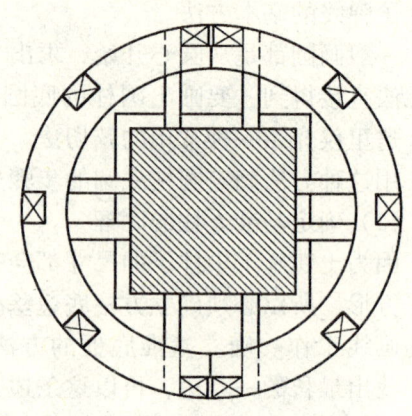

图3-16 柱子与建筑的连接

(五) 饰面板的安装

采用木龙骨包柱的饰面板主要分两类,一类是贴面板,其中包括各种木质饰面板,如柚木板、榉木板、枫木板、橡木板等,还有防火板。另一类是不锈钢板,其中包括镜面不锈钢、亚光不锈钢、钛金板等,还有复合塑铝板等。它们的施工和步骤基本相同。

贴面板类的安装均采用万能胶粘贴的方法。具体的施工方法是,先将饰面板按设计要求切割后备用,然后在面板的背部刷万能胶,同时在底板上刷万能胶,待胶干至表面无粘连后,就可进行粘贴。粘贴后用铁钉将板边做临时固定。

不锈钢类圆柱板的安装通常是在工厂专门加工成所需的曲面。一个圆柱一般由二至四片不锈钢曲面板组成。安装的关键在于板与板之间的接口处。安装接口的方式主要有直接卡口式和嵌槽压口式两种。

直接卡口式是在两片不锈钢板接口处安装一个不锈钢卡口槽,该卡口槽用螺钉固定于木龙骨架的相接处。安装柱面不锈钢板时,只要将不锈钢板一端的弯曲部勾入卡口槽内,再用力推按不锈钢板的另一端,利用不锈钢本身的弹性,使其卡入另一个卡口槽内,就安装完成了。具体构造请见节点图3-17。

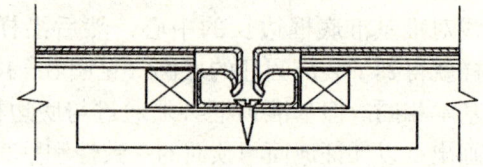

图3-17 不锈钢包柱直接卡口构造

嵌槽压口安装方法为,先把不锈钢板在对口处的凹部用螺丝钉或铁钉固定,再把一宽度小于凹槽的木条固定在凹槽中间,两边空出的间隙相等,其间隙宽为1 mm左右。在木条上涂万能胶,待胶面不粘手时,向木条上嵌入不锈钢槽条。不锈钢槽条在嵌入粘结前,应用酒

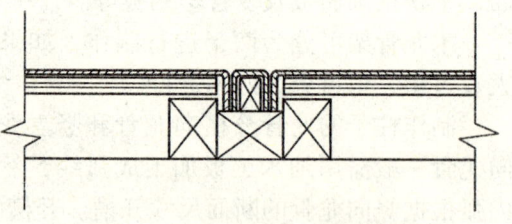

图3-18 不锈钢嵌槽压口构造

精或汽油清擦槽条内的油迹污物,并涂一层薄的胶液。嵌槽压口安装的关键是木条的尺寸准确,这样即可保证木条与不锈钢槽的配合松紧适度,安装时不需用锤大力敲击,以免损伤不锈钢表面。嵌槽压口的构造见图3-18。

(六) 方柱子角的构造处理

方柱子面的构造作法可参照墙体的作法。而角位的处理是包柱的关键。柱子的角位往往是木龙骨与木龙骨、板与板的接缝处,因此都需要进行收口处理。方柱角位通常有阳角

形、阴角形和斜角形三种。

阳角最常见，其角位构造也比较简单，两个面在角位处直角相交，一般用压角线进行封角，压角线有木线条、铝角、不锈钢或铜角等多种。其中木线条用铁钉固定，铝角或铜角可用自攻螺钉固定，而一些角型材仅用粘结法固定便可，见图3-19。

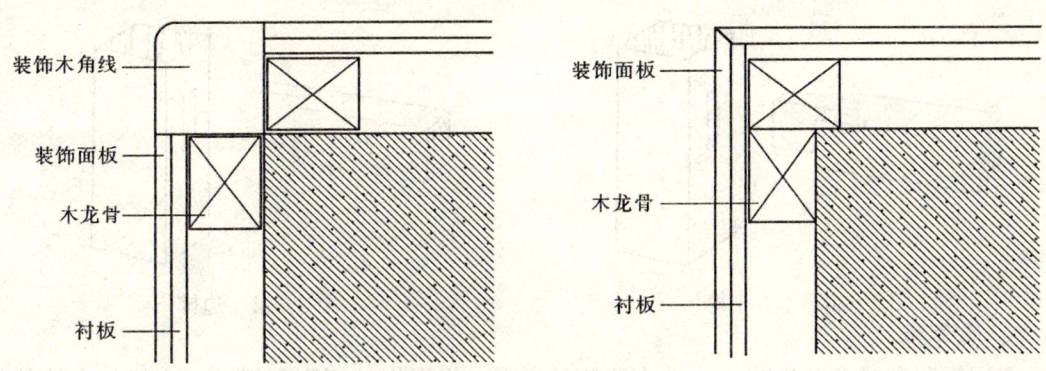

图3-19 木柱的阳角构造

阴角就是在柱体的角位上做一个向内的凹角。这样的角常见一些造型较丰富的柱子的处理上。阴角的处理可采用贴面板或木线条收边，也可采用加工的不锈钢来处理。

斜角通常是指由两个面之间形成的45°的斜面。这种斜角既可采用45°的斜面收边，也可采用弧形的木线收角方式处理。

第六节　木家具的制作与构造

装修工程中需制作的木家具主要是各类柜台、桌等，但这类家具与标准家具有所区别，它与室内的设计、风格、尺度等关系较密切。在现代装修中，家具的制作一般均采用板式结构或板框结合的构造方式，而且一般的木家具都是由若干零部件按照一定的接合方式配合而成。木家具的结合方法大致有两种，一种是榫接合，另一种是五金件接合。接合方式的合理与否直接影响到家具的美观和强度。

一、榫槽结构

榫槽是一种传统的木结构方式。榫铆结构是将一个构件做成榫，另一个构件做成榫槽或榫眼，然后将榫插入槽中的一种结合方式。

榫头与榫眼在配合上要求榫眼的长度要比榫头短1mm左右，榫头插入榫眼时，木纤维受力压缩后，将榫头挤压紧固。榫头不能太紧，又不能松动，只能让顺木纹挤压一些，而不能让模木纹过紧。如榫眼料的模木纹横向挤压过大，会使榫眼胀裂而影响质量。

二、榫的种类

在木制家具中，用榫结构组合的家具还占有很大的比例。榫的种类较多，但主要可分为木方连接榫和木板连接榫两大类。

1. 木方中榫

这种榫比较常见，榫头在中间，两边都有榫肩，不易扭动，坚固耐用，见图 3-20。

2. 边榫

在两种型号的木料厚度不一时或因构件需要的情况下可采用边榫，见图 3-21。

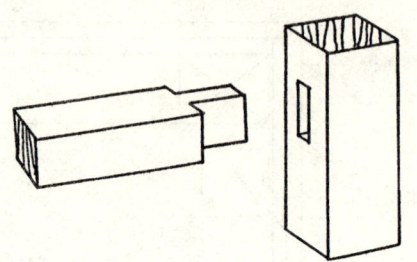

图 3-20 木方中榫

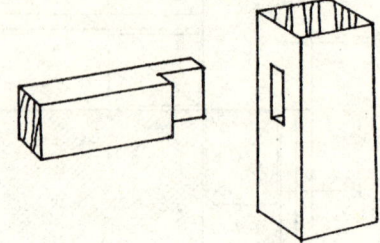

图 3-21 边榫

3. 燕尾榫

多用于移动或常开启部位，榫头两侧呈扇形。根据榫的规则和尺寸，在另一个构件中剔一缺口，榫头横向插入缺口内，并利用榫头两侧的斜面夹住固定，见图 3-22。

4. 扣合榫

扣合榫常用于格子、橱壁中间部位，以及吊顶、墙面的木龙骨格栅中的连结部位，见图 3-23。

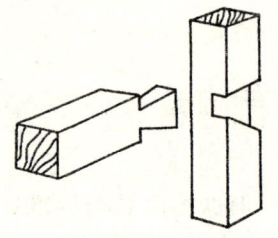

图 3-22 燕尾榫

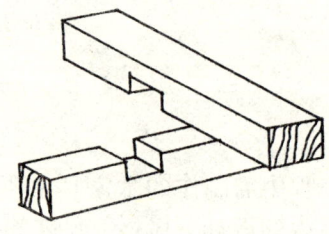

图 3-23 扣合榫

5. 大小榫

榫根大、榫端小，不易损害榫眼的木料，多用于两榫头交插的部位，见图 3-24。

6. 双榫

用于木料宽度大、而厚度较小的板材与木方结合的部位，见图 3-25。

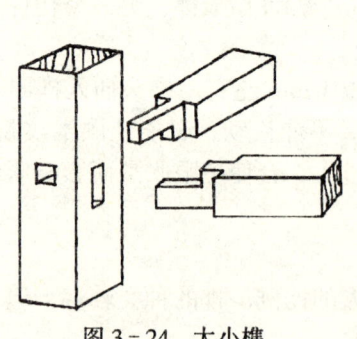

图 3-24 大小榫

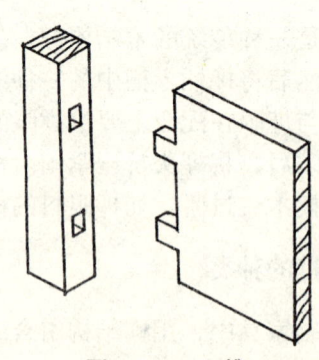

图 3-25 双榫

7. 夹角榫

夹角榫多用于框架的角部。夹角榫有两种不同的形状。

8. 开口榫

多用于家具的上端以及夹角位置。

9. 马牙榫

常用于板式家具的连接，尤其是以抽屉、箱夹的板角位连接为多，见图3-26。

10. 板类多头榫

多用于板类的交接处，见图3-27。

11. 板类扣合榫

用于板与板的交接处，见图3-28。

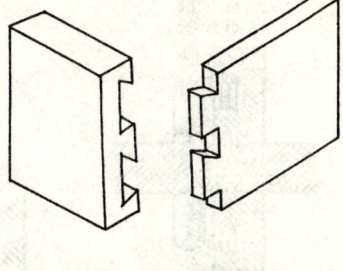

图3-26 马牙榫

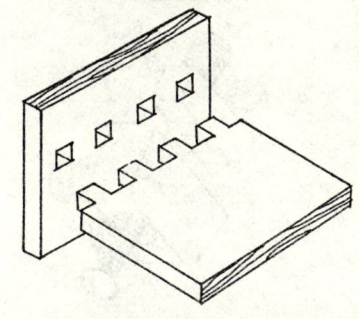

图3-27 板类多头榫

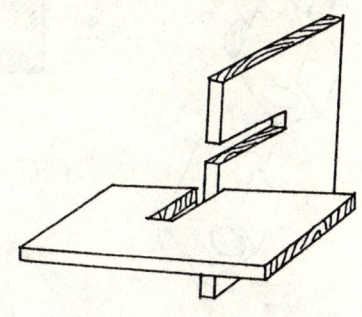

图3-28 板类扣合榫

12. 板类夹角结合榫

板类夹角的结合榫主要有六种，其中最常用的是夹角交叉榫结合和夹角三榫交叉结合。

三、板式家具的连接方法

板式家具的连接方式较多，主要分为固定结构连接与紧固件的连接两种。

（一）固定结构连接

这种连接方式常用于安装后不再拆装的家具及室内固定装饰设置中的板式结构。它们的连接方法主要是采用铁钉、木螺丝、圆棒销等。常见的固定式结构连接方式见图3-29。

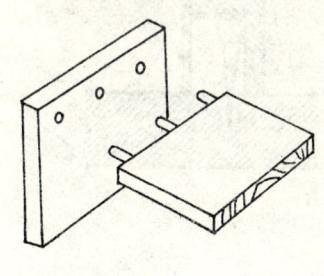 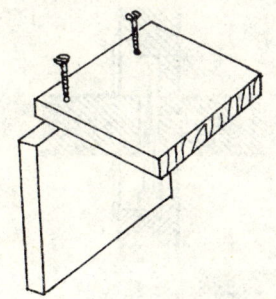

图3-29 板式固定结构连接

（二）紧固件的连接

紧固件即结构连接件，是拆装式家具的主要结构形式，其材料有金属、塑料、尼龙等，见图3-30。

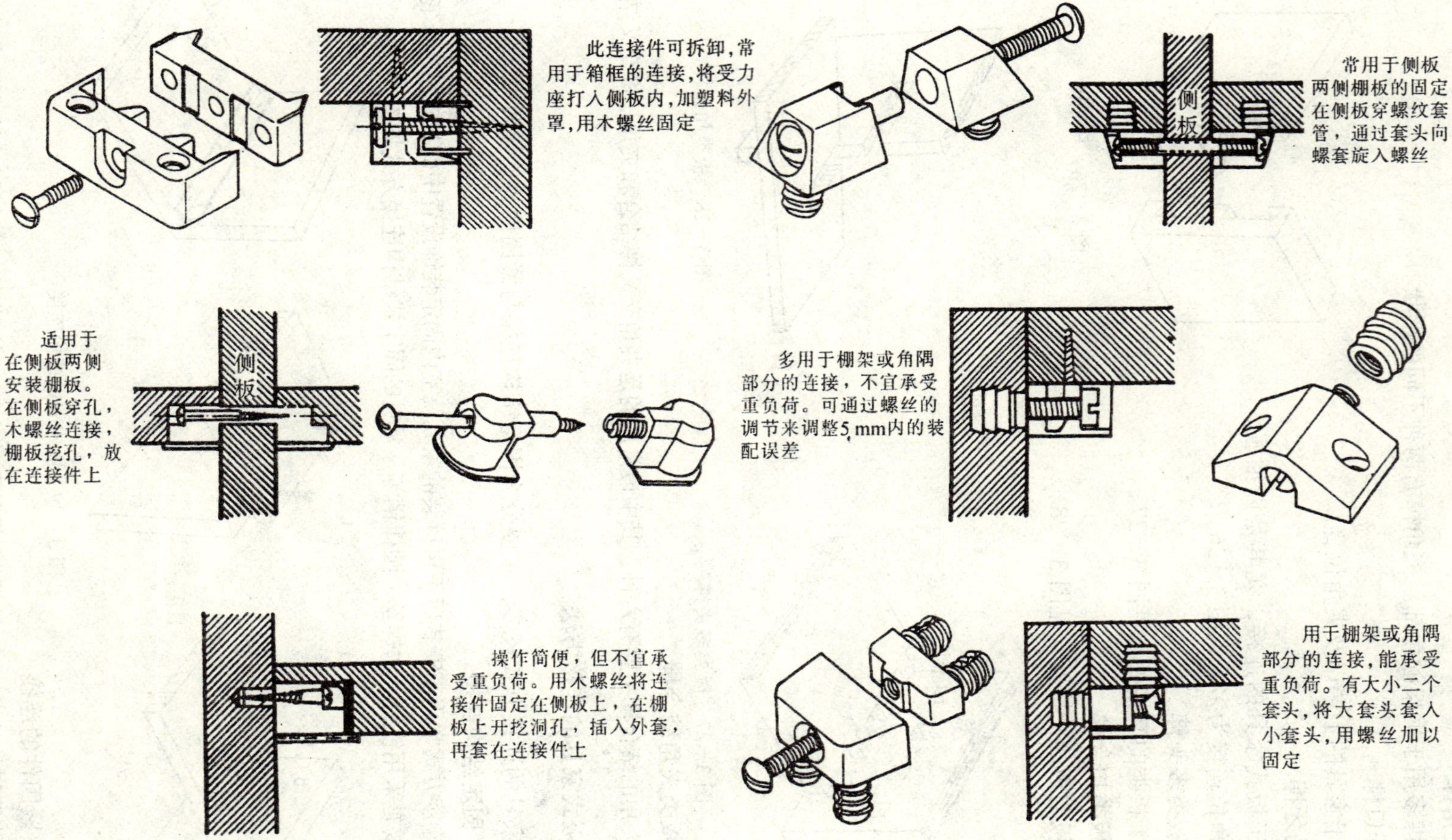
此连接件可拆卸，常用于箱框的连接，将受力座打入侧板内，加塑料外罩，用木螺丝固定
常用于侧板两侧棚板的固定。在侧板穿螺纹套管，通过套头向螺套旋入螺丝
侧板
适用于在侧板两侧安装棚板。在侧板穿孔，木螺丝连接，棚板挖孔，放在连接件上
侧板
多用于棚架或角隅部分的连接，不宜承受重负荷。可通过螺丝的调节来调整5 mm内的装配误差
操作简便，但不宜承受重负荷。用木螺丝将连接件固定在侧板上，在棚板上开挖洞孔，插入外套，再套在连接件上
用于棚架或角隅部分的连接，能承受重负荷。有大小二个套头，将大套头套入小套头，用螺丝加以固定

图3－31(a)

侧板
侧板
此件一般多用于组合柜两侧之间的连接。金属螺杆两端套入尼龙螺帽，利用螺丝刀将两侧板紧固
AUF
操作简便，能承受重负荷，适宜于大型棚板的连接
此件一般用于板与板之间丁字形连接。金属螺丝旋入尼龙套头，用螺丝刀紧固
侧板
操作简便，适合于不同安装形式的板与板之间的连接
侧板
侧板
此连接件操作简便，紧固力强，适用于板材之间十字形连接
侧板
侧板
常用于棚架或角隅部分的连接，将塑料套头和小螺套打入板内，用螺丝钉穿过套头旋入螺套内，将两侧板紧固
常用于板材之间L形连接，其连杆为直角形
侧板
侧板
常用于棚架或角隅部分的连接。构造原理同上，但螺套为细长形
侧板
侧板

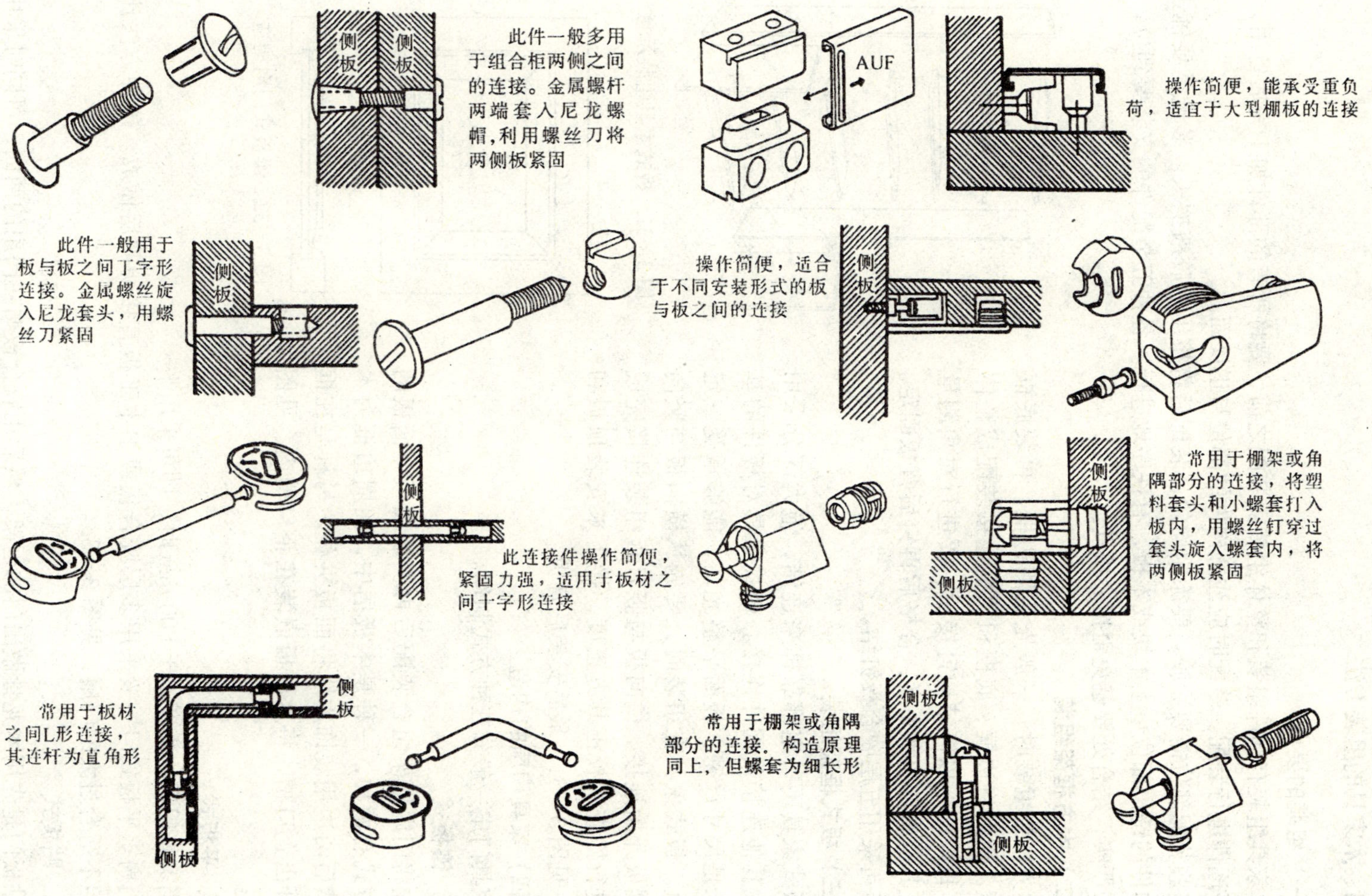

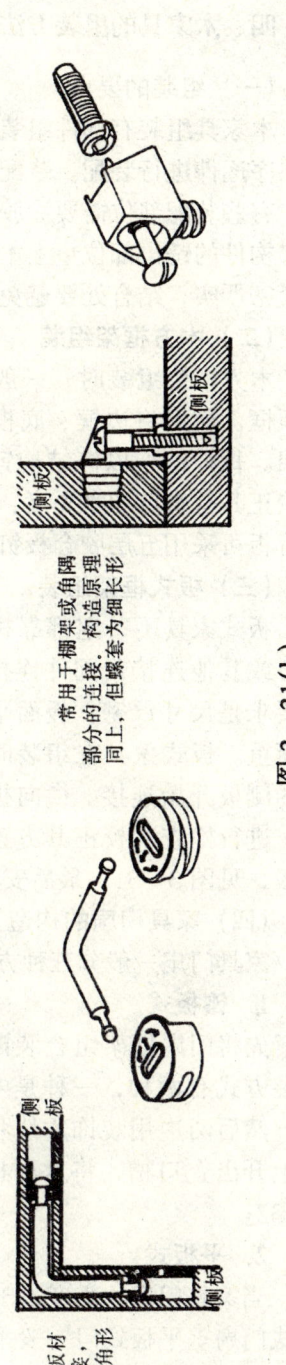

图 3－31(b)

四、木家具的组装方法

(一) 组装的要点

木家具组装有部件组装和整体组装。装配之前，要将所有的部件加工完后备用，然后按顺序逐件进行装配。装配时应注意构件的部位与正反面。

有些装配部位需要涂胶，要涂刷均匀，装配后将挤出的胶液擦去。装配需要锤击时，要将构件的锤击部位垫上木块或木板，有秩序地进行。各种五金配件的安装要到位，安装要紧密严实，结合处要避免歪扭、松动。

(二) 木方框架组装

木方框架组装时，一般先装侧边框，再装底框和顶框，最后将边框、底框和顶框连接装配成整体框架。每种框架以榫结构钉接后，要进行对角测量并校正其垂直度和水平度，合格后再钉后背板固定。后背板可采用五层胶合板钉结。

(三) 板式框架组装

板式家具不一定都靠榫来连结，绝大部分采用铁钉或其他连接紧固件连接。板式家具对板件的基本要求是尺寸严密，板面平整光洁，能够承受一定的荷重。板式家具在组装时，要先从横向板与竖向板的侧板开始连接。横向板与竖直板组装连接完成后，进行检查和校正其方正度，接下来安装顶板和底板，见图 3-31，最后安装后背板。

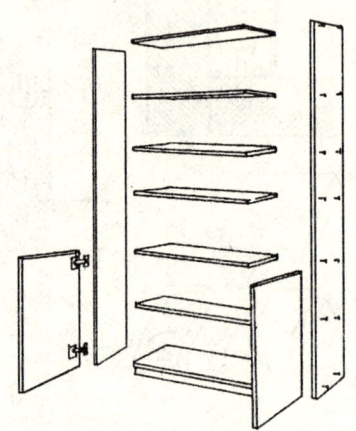

图 3-31 板式家具组装示意

(四) 家具门扇的构造

家具门扇一般分三种方式制作。

1. 镶板式

先将门扇框架组合装配后再安装面板，面板的安装方式有两种，一种是木板居中，四周边框为木方，然后两边用装饰木线将面板夹住。另种是在框架上开出企口槽，将木面板嵌装在企口槽内，见图 3-32。

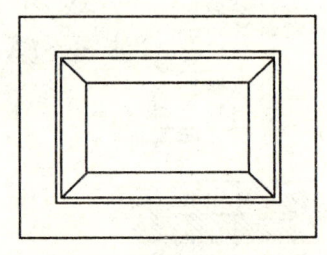

图 3-32 镶板式门扇构造

2. 平板式

当家具门扇的高度小于 800 mm 时，即可采用平板式门扇。平板式门一般采用多层胶合板或细木工板直接切割后做成。这种方法比较简单，但不适合过大的门扇，见图 3-33。

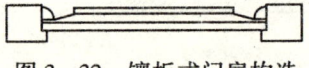

3. 贴板式

贴板门是先用木龙骨做出门的框架，然后用胶合板贴在门扇的两面，可同时采用胶粘与射钉两种方法。然后，四边刨平后用薄木皮或封边木线封边，见图 3-34。

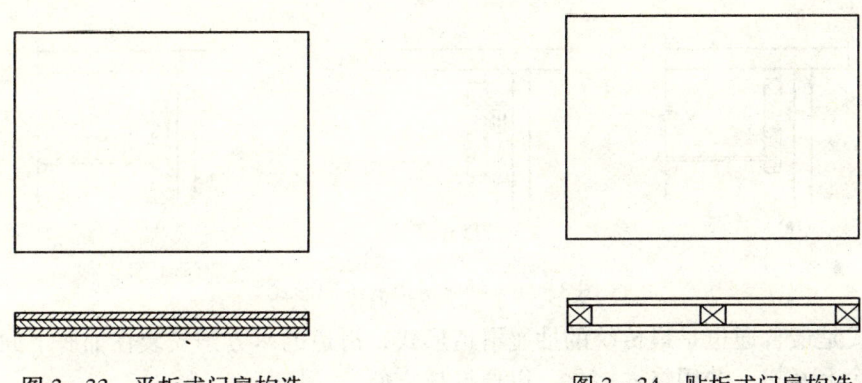

图 3-33 平板式门扇构造　　　图 3-34 贴板式门扇构造

（五）抽屉的装配

抽屉也是家具中重要的部件。由于家具种类和样式的不同，抽屉的形状也常有差异，主要有平齐面板抽屉和盖板式抽屉两类。其中盖板式抽屉分为面板两侧长出、三边长出及四边长出等不同样式，其主要区别均在面板上。

1. 抽屉的组装

抽屉由面板、侧板、后板和底板结合而成。为使抽屉推拉顺滑，其后板、侧板和外型的高度、宽度应小于框架留洞尺寸并小于面板。

抽屉的夹角一般采用马牙榫或对开交接钉牢的方法（见图 3-35），钉接的同时施胶粘结。其底板是在面板、侧边组成基本结构之后，从后面的下边推入两侧边的槽内。最后装配抽屉的后板。

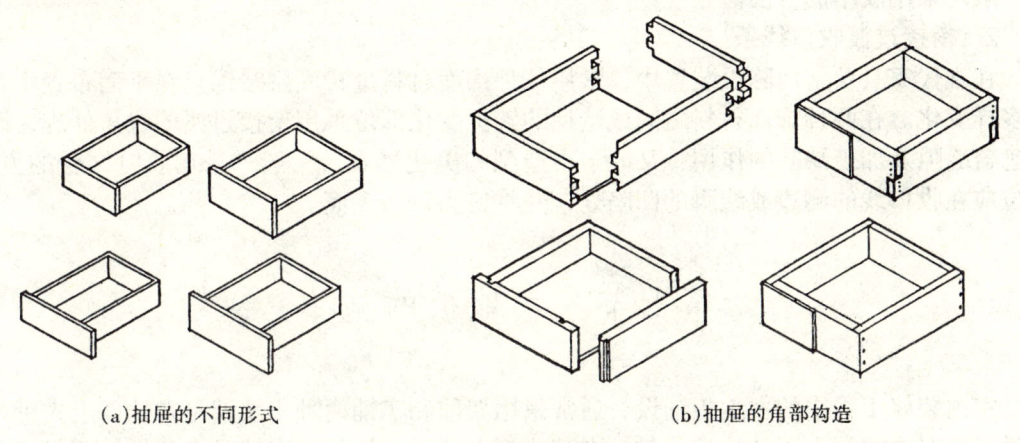

(a) 抽屉的不同形式　　　(b) 抽屉的角部构造

图 3-35 家具抽屉的装配

2. 抽屉滑道的安装

抽屉的滑道主要有嵌槽式、轨道式和底托式三种形式，见图 3-36。

嵌槽式是在抽屉侧板的外侧开出通长凹槽，在家具内边面板上安装木角或铁角滑道，然后将抽屉侧板的槽口对准滑道端头推入。

轨道式是在抽屉侧板外侧安装滑道槽，在家具内立面板上安装滑轮条，然后将抽屉侧板的滑道槽对准滑轮条推入。

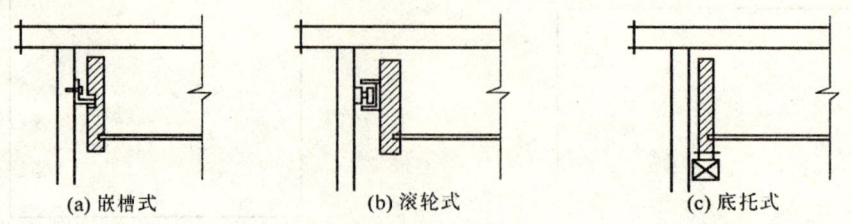

(a) 嵌槽式　　　(b) 滚轮式　　　(c) 底托式

图 3-36　抽屉滑道的不同形式

底托式是最普通也是最传统的抽屉滑道形式，滑道的木方条安装在抽屉下面。将抽屉侧板底边涂上蜂蜡，并用烙铁熔化，以便推拉方便。

（六）橱柜顶边的装配

橱柜的式样较多，因此顶盖的形式也比较丰富，其构造类型有凹凸式、平面式、围边式等等。一般的平面式顶盖装配可在橱柜整体装配过程中同时安装，其他顶盖形式可在主体装配完毕后再进行安装。顶盖的安装一般都采用胶粘加钉接的固定方法。

（七）木家具的边角收口

1. 边缘的收口

用于装饰家具，固定配置的台面边缘及家具体与底脚交界处等部位，作为封边和收口。通过封边和收口可使板件内部不易受到外界的温度、湿度的较大影响而保持一定的稳定性。常用的收边材料有平木线、半圆木线、装饰木线及薄木片等。

无论是平木线、半圆木线或其他装饰木线，均采用钉胶结合的方法。薄木片的封边收口一般均采用胶结的方法。

2. 衔接过渡收口线条

在现代家具及室内陈设装置中，常用几种饰面材料进行面层装饰且在平面布置中存在着多样变化。在两种饰面材料之间或造型的转折变化部位采用衔接过渡的线角处理，既起到遮盖缝隙及加工缺陷的作用，又能丰富造型和美化外观。一般均采用胶钉结合的方法，钉位应在收口线的侧边或线脚的凹陷处，并将钉头钉入表面。

第七节　木地板的施工

室内装修工程中的木地板铺设，通常采用架铺和实铺两种。架铺是在地面上先铺设木龙骨，再在木龙骨上铺基垫板，最后在基垫板上铺拼木地板。实铺是在建筑地面上直接拼铺地板。实铺地板的板材长度一般在 30 cm 以内。

一、木地板的材料准备

（一）架铺木龙骨

通常用作架铺的木龙骨材料为 50 mm×50 mm 或 40 mm×60 mm 断面的松木或杉木木方。木方应作相应的干燥处理，其含水率不应大于 18%。

（二）基垫板

用作基垫板的板材可有多种选择，其中包括实木板，通常用松木、杉木或桦木板，其含水量应小于12%，厚度在20 mm左右。还可采用人造板材，如胶合板（最好是九层胶合板）、刨花板（厚度为25 mm左右）。

（三）拼木地板

用作面层的拼木地板要选用坚硬、耐磨、纹理美、色泽匀、耐朽、不易变形开裂的木材。目前市场上常用的材料有柞木、枫木、榉木、柚木、橡木、核桃木、云香木、花梨木、樱桃木、山毛榉、金不换等。

木地板有单块板式、带嵌槽式、小单元拼花组合式，这些木地板通常已由木地板生产厂家经窑干法干燥后，再经加工制成。检验木地板的质量，可将木地板放在玻璃板上，检查薄厚是否一致，公差不得超过0.5 mm；企口间的缝隙不得超过0.2 mm；有无裂纹、木结、虫蛀及色差。

（四）地面防潮防水剂

地面防潮防水剂主要用于地面基础的防潮处理，常用的防水剂有再生橡胶-沥青防水涂料、确保时高效防水涂料等。

（五）粘结材料

地面与木地板的直接粘贴常用环氧树脂胶和石油沥青。木基面板与木地板粘贴常用309胶、利时得胶或白乳胶等。

二、木地板的构造

（一）高架铺木地板构造

架铺木地板是由木框架、基垫板和面层木地板组成。如果是高架地板，要在地面上铺砌砖墩或地垄墙。这是传统的木地板构造形式，其突出优点是使木地板富有弹性、脚感舒适、隔音、防潮。地板面距建筑地面的高度一般大于250 mm，其构造见图3-37。

（二）低架铺木地板构造

低架铺木地板一般用于混凝土地面或楼面上的铺设。将木龙骨固定在混凝土楼板上，再在木龙骨上铺基垫板，最后在基垫板上铺拼木地板。在混凝土地面铺设木地板前，地面上应用防水混凝土砂浆作防水层，或用防水涂料涂刷二遍，见图3-38。

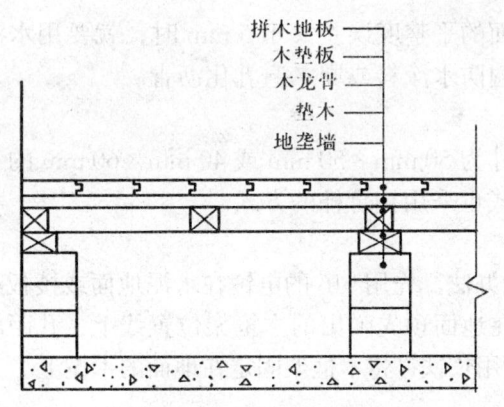

图3-37 高架木地板构造

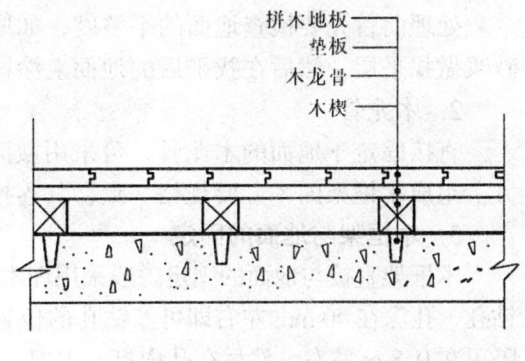

图3-38 低架木地板构造

三、木地板的基层施工

(一) 高架木地板基层施工

1. 地垄墙

地垄墙应用 500 号水泥砂浆砌筑，砌筑时要根据地面条件而设地垄墙的基础。每条地垄墙内横墙均需预留 120 mm×120 mm 的通风洞两个，而且要在一条直线上，以利通风。如果地垄不易作通风处理，需在地垄顶部铺设防潮层。

2. 木龙骨

木龙骨宜采用松木或杉木制作，木龙骨需做成方框结构或长方框结构。木框架制作时，与木地板基垫板接触的表面要刨平。有主次木方之分的框架，主次木方的连接可用榫结构，也可用钉胶结合的方法固定。无主次之分的框架，木方的连接可用扣合榫连接。

3. 木框架与砖墩的连接

木龙骨框架与砖墩的连接一般是采用预埋木砖或铁件的方法进行固定。当木框架的木方截面较大时，应在木方上先钻出与钉头相同直径的孔，孔深为木方高的三分之一左右。预埋铁件是在木方两侧边预埋螺栓，然后用骑马铁件将木方绑住，用螺栓固定。

4. 在木框架上钉基垫板

在木框架上钉板之前，要对木框架进行找平，用直尺检查。找平可用木垫板垫高木框架的低凹部分，用刨子刨掉木框架上的凸出部分。在校正找平木框架后进行钉板操作。用厚木人造板作基垫板时，要注意人造板的尺寸是否能正好钉在木框架上，即板的边全部钉在木框架的木方中线上。否则，就要根据木框架的分格尺寸对板进行锯裁。用厚实的木板条时，要注意木板条长度方向的端头，是否能正好钉在木龙骨的中线上，否则，也要锯裁，使之正好可钉在木框架的中线上。两块板或两条板均应在木框架木方的中线上对缝，但钉位要错开。

(二) 低架木地板基层施工

低架木地板是在楼面上或在水泥地面上进行铺设，所以架铺的木龙骨可直接固定在地面上。

1. 地面处理

处理前首先要检查地面的平整度，如原地面的平整度误差大于 5 mm 时，就要用水泥砂浆做找平层。然后在找平后的地面上涂刷二遍防水涂料或刷二遍乳化沥青。

2. 木龙骨

直接固定于地面的木龙骨，可采用截面尺寸为 50 mm×50 mm 或 40 mm×60 mm 的木方。组成木框架的木方要规格一致，其连接方式也采用扣合榫的方式。

3. 木框架与地面的固定

木框架直接与地面的固定一般采用埋木楔的办法。先用 ϕ16 的电锤在水泥地面或楼板上钻孔，孔深为 40 mm 左右即可。钻孔的位置应在地面预先弹出的木框架位置线上，孔距间隔可在 0.8 m 左右。然后在孔内打入木楔。最后用长铁钉将木框架固定在地面的木楔上。

4. 钉基垫板

钉基垫板要注意两方面的问题，一是在钉基垫板之前，首先检查木骨龙是否平整，如不平整要处理后方可进行。另一个是基垫板的长宽尺寸要与木龙骨框架的尺寸吻合。如无问题便可钉接了。

（三）实铺木地板的基层要求

木地板直接铺贴在地面时，对地面的平整度有较高的要求。对于普通的水泥地面都应用素水泥加防水剂或用107胶配成防水的素水泥浆来找平地面。防水砂浆配制比为按水泥质量3%左右的避水浆掺入水泥砂浆内搅拌，水泥：中砂为1:2。107胶与水泥的质量比为6:100，将107胶适当掺水后与水泥调配成素水泥浆。

（四）木地板的铺设方式

1. 钉接式

钉接式的木地板通常是条形的带企口板，板面为80~100 mm，板长为240~300 mm。条形木地板钉接时，应与基面实木基层板条的走向相垂直，并要顺进门方向铺设。

钉接木地板时，板与板之间的空隙宽度不得大于1 mm。如为硬木长条地板，个别地方缝隙宽度不得大于0.5 mm。钉接所用的铁钉长度应是木板厚的2~2.5倍，其钉头要砸扁，钉要从板的凹角处斜向钉入。如果是硬木板，可先用手电钻，斜向钻一个直径小于铁钉直径的孔，以防止钉裂木地板。木地板与墙面之间应留10~20 mm的伸缩缝隙。

钉接后，再进行刨修操作。刨修时应先按垂直木纹方向粗刨一遍，再按横木纹方向细刨一遍，然后磨光。刨磨的总厚度不宜超过1.5 mm，并应无痕迹。刨磨后的木地板要保持清洁。

钉接木地板条的拼花形式，通常有方格式、庹纹式、人字纹式、阶梯式等。

2. 粘结式

传统粘结木地板采用沥青玛蹄脂粘贴。其方法是先将基层清扫干净，先涂刷一层冷底子油，再用热沥青玛蹄脂随涂随铺。冷底子油也可用乳化沥青代替。冷底子油或乳化沥青涂刷一昼夜后，开始铺贴拼花木板。

现代粘结式木地板也常采用粘结剂进行粘贴。最常用的粘结剂是环氧树脂胶、万能胶、木地板胶。

粘铺前先将基层表面彻底擦洗干净，然后按设计要求弹线。弹线前先在基层上涂刷一层薄而匀的底子胶。底子胶干燥后，按施工线位置沿轴线由中央向四面铺贴。铺贴方法是先刷一层厚约1 mm左右的胶液在基层上，再在木地板背面涂刷一层厚约0.5 mm的粘结剂，待表面不粘手时，即可铺贴。贴铺时要让木地板保持平整，并用小锤轻敲使其紧密。稀释粘结剂应用与其匹配的稀释剂，环氧树脂胶要用环氧丙烷丁基醚或丙酮，万能胶要用香蕉水（也称信那水），木地板胶要用汽油。

（五）木踢脚板施工

铺木地板的房间四周墙脚处都需设木踢脚板。踢脚板的高度一般为100~200 mm，厚度为15~20 mm。踢脚板的材质最好与木地板面层所用材料相同。为防止踢脚板翘曲，在靠墙的一面应做成凹槽，超过150 mm开三条凹槽，凹槽深度约3~5 mm。如用15 mm厚的胶合板做踢脚板，则不需开槽。钉踢脚板前应在墙面上每隔400 mm埋入防腐木砖，在防腐木砖块外面再钉防腐木垫块。普通内墙可用电锤打孔埋入木楔，然后将踢脚板钉在木楔处。普通木踢脚板与地面转角处，常用木压条压口或安装圆角成品木条，其构造作法见图3-39，也可用踢脚板直接压着木地板不另加压口木线条。如采用15 mm厚的胶合板作为踢脚板，其构造较简单，见图3-40。

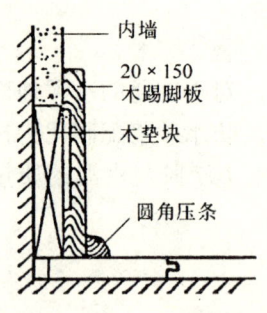 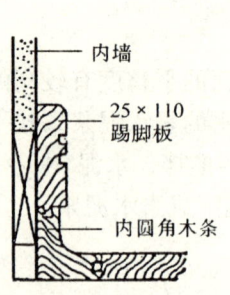 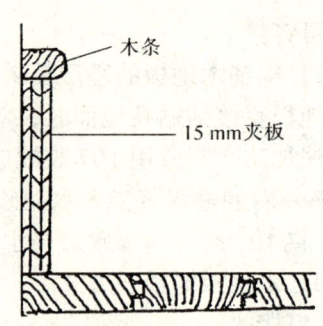

图 3-39　踢脚板与地面转角处作法　　　　图 3-40　用木夹板作踢脚

木踢脚板应在木地板刨光后安装。木踢脚板接缝处应作暗榫或斜坡压槎，在 90°转角处可做成 45°斜角接缝。接缝一定要压在防腐木块上。安装时木踢脚板与立墙贴紧，上口要平直。

第八节　木门的构造与安装

门在装修中具有使用和美化的双重作用。因此，门窗的种类样式也非常丰富，按开启方式可分为平开门、推拉门、折叠门、旋转门。门窗在建筑的内外立面和室内的装饰效果上的作用也是非常明显的。

木门的基本构造是由门框和门扇两部分组成。当门的高度超过 2.1 m 时上部一般要增设上亮子，见图 3-41。

门框是由冒头、框梃组成。有亮子时，在门扇与上亮之间设中贯横挡。门框架各连接部位都是用榫眼连接固定的。框梃与冒头的连接是在冒头上打眼，框梃上做榫；梃与中贯挡的连接是在框梃上打眼，中贯横挡两端做榫。

木门扇按板材的安装方式分为镶板式与包板式两种。镶板式门扇是在做好门扇框架之后，将板材嵌入框架上的凹槽中。门扇立框与上横框的连接，是在门扇立框上打眼，上框的上半部做半榫，下半部做全榫（图 3-42）。门扇立框与中横框的连接同上冒头的连接基本一样。门扇立框与门扇下横挡的连接，由于下横框一般比上、中两冒头较宽，为连接牢固，要做两个全榫、两个半榫，相应在门扇梃上须打两个全眼和两个半槽，见图 3-43。为了将门板安装于门扇梃和门扇冒头之间，需在梃和冒头上开出宽度等于嵌板厚度的凹槽，以便嵌入门芯板。

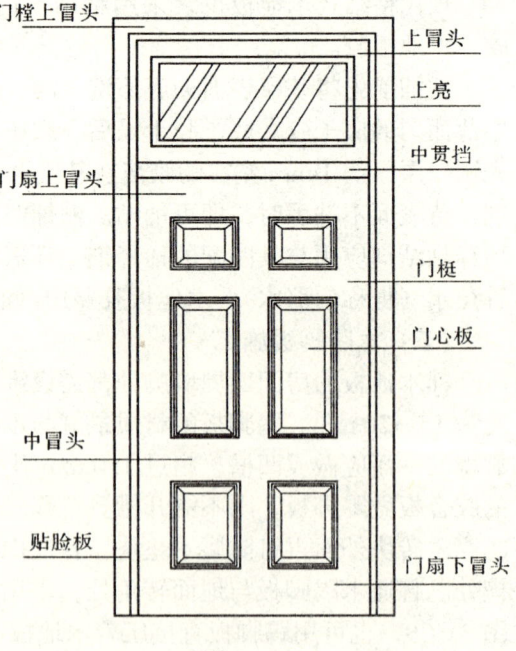

图 3-41

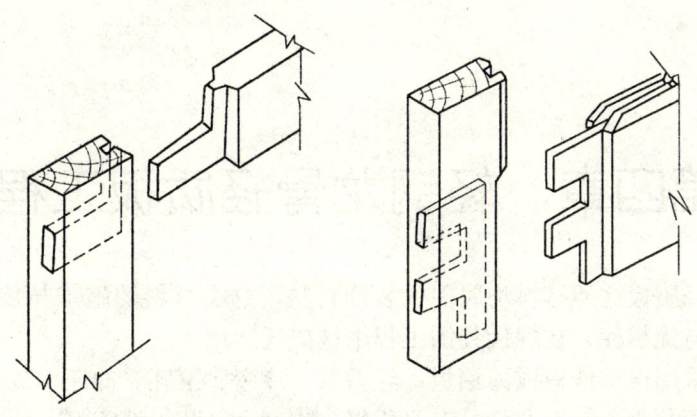

图 3-42　门扇梃与上冒头的连接　　　图 3-43　门扇梃与下冒头连接

包板式也称胶合板门，其门扇框所使用的木材截面尺寸较小，而且框架包在胶合板面层之内，故只起到骨架作用。其竖向与横向木方的连接也常采用单榫结构，不必像镶板门那么复杂。在一些面积不大的装饰门制作时，其骨架的横竖连接也可采用钉、胶结合的方法。门扇两面的面板一般采用五层胶合板。

第四章 轻钢龙骨轻质板工程

轻钢龙骨与轻质板这类材料均属现代装饰材料。这类材料的施工与传统的材料相比，具有诸多的方便与优越性，在现代装饰工程中被广泛运用。

轻钢龙骨系采用镀锌铁板或薄钢板，经剪裁、冷弯、滚轧、冲压而成。轻钢龙骨主要有隔墙龙骨与吊顶龙骨。轻钢龙骨具有材质轻、刚度大、防火性能好、便于安装、施工方便、装饰效果良好等优点。它适用于防火要求高的室内及高层建筑的内装饰，如天花、隔墙（非承重墙）的室内装饰。

轻质板是指以纸面石膏板为典型代表的各类轻质板，其中包括如硅酸钙板、埃特板、矿棉板、岩棉板等。这类板材的特点是具有防火隔热、隔声、质轻、强度高、收缩率小、平整度好、耐腐蚀、不老化、稳定性强、施工方便等优点。

第一节 轻钢龙骨轻质板吊顶施工

轻钢龙骨吊顶按其构造方式，可分为单层龙骨和双层龙骨两种；按龙骨承受荷载能力，又可分成上人吊顶与不上人吊顶两种。上人吊顶应能承受上人（800~1 000 N）检修的集中活荷载。一般来说，大型公共建筑，如大型宾馆的厅堂、候车室、候机大厅、商场营业厅、影剧院、会堂、展览厅等都应采用上人吊顶，这样有利于对空调、电器、消防设备的维修和保养。

轻钢龙骨轻质板吊顶的结构由三部分组成，即吊杆、龙骨、轻质板面层。

吊杆是用于连接龙骨与楼板或屋顶的承重悬挂构件。龙骨是吊顶层中纵横连接的构件，它与吊杆连接，为轻质板提供了安装节点。轻质板主要是起一个罩面的作用。

一、普通轻钢龙骨的吊装

（一）备料

轻钢龙骨安装之前，应根据房间的尺寸和饰面板材的种类，按照设计要求合理布局，排列出各种龙骨的距离；统计出各种龙骨、吊杆、吊挂件及其它配件的数量；然后用无齿锯分别截取必要的龙骨备用。

（二）弹线

可采用水平仪或采用水柱法，根据吊顶的设地标高在周边的墙壁上弹出水平线，再根据吊顶设计标高线再分别确定并弹出边龙骨和承载龙骨所在的平面基准线。还要根据设计，按龙骨间距弹出龙骨框格线并找出吊点中心的位置。如果有与吊顶相关的特殊部位，如上人检查或吊挂设备处等，也要同时标出。吊点的间距一般应≤1 000 mm，吊点距承载龙骨端部应＜300 mm，以避免承载龙骨发生下坠现象。

（三）安装吊杆

在装吊杆前，先要按上述各种形式和方法确定龙骨骨架悬吊点，采用预埋或不设预埋而以射钉及膨胀螺栓固定连接吊杆的五金件。然后将吊杆与吊点的紧固件连接。如有预埋的，需将吊杆与预埋件焊接、勾挂、拧固或用其他方法连接；不设预埋的，则于吊点中心用射钉或膨胀螺栓固定吊杆或其他悬吊材料。（图4-1）

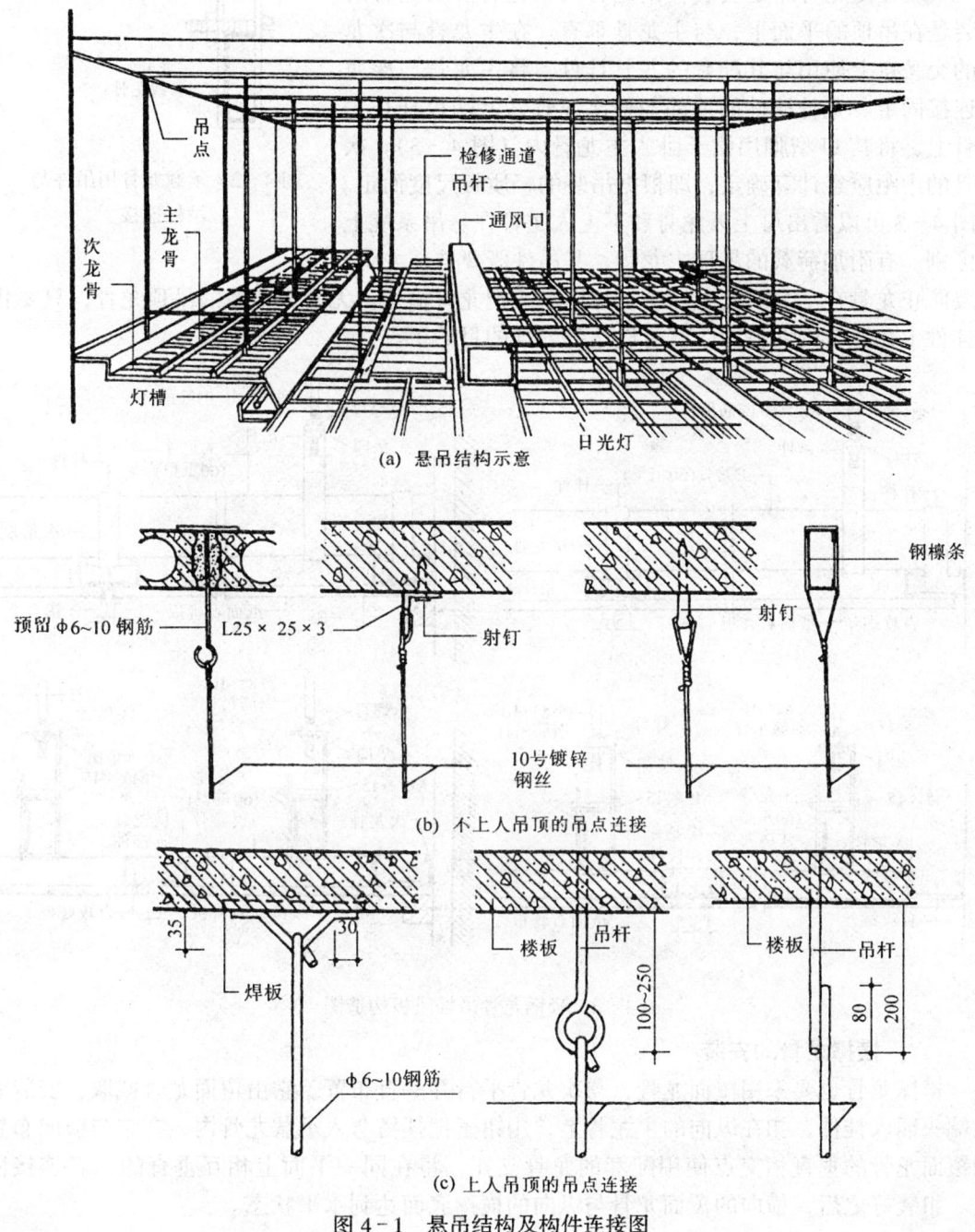

图4-1 悬吊结构及构件连接图

（四）安装承载龙骨

安装承载龙骨便是安装轻钢龙骨的主龙骨。通常是将主龙骨吊件与吊杆的下端连接，拧紧螺丝帽（图4-2），待承载龙骨与吊件及吊杆安装就位后，可以一个房间为单位进行调整。调整方法是拧动吊杆上的螺母以升降调平。

（五）安装覆面龙骨

安装覆面龙骨即是安装轻钢龙骨的次龙骨。次龙骨的安装是在吊顶的平面上，与主龙骨垂直。在主龙骨与次龙骨的交叉点上使用与其配套的龙骨挂件，将主龙骨与次龙骨连接固定。龙骨挂件的下部勾住次龙骨，上端包挂在主龙骨上，将其U型脚用钳子卧入主龙骨内（图4-3）。次龙骨的中距应经计算确定，即根据吊装的轻质板尺度而定。从图4-3可以看出可上人龙骨和不上人龙骨在悬吊系统上的区别。有附加荷载的吊顶主龙骨，其吊件既要挂住龙骨，又要防止龙骨在上人时发生摆动，故以卡式把龙骨箍住。无附加荷载的吊顶龙骨，只要将吊挂件卡在龙骨的凹槽中，就可以达到悬挂的目的了。

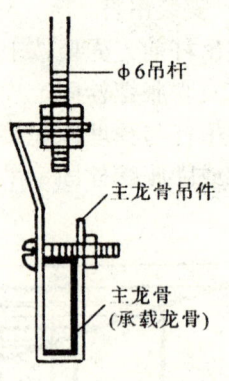

图4-2 承载龙骨用吊件与吊杆连接

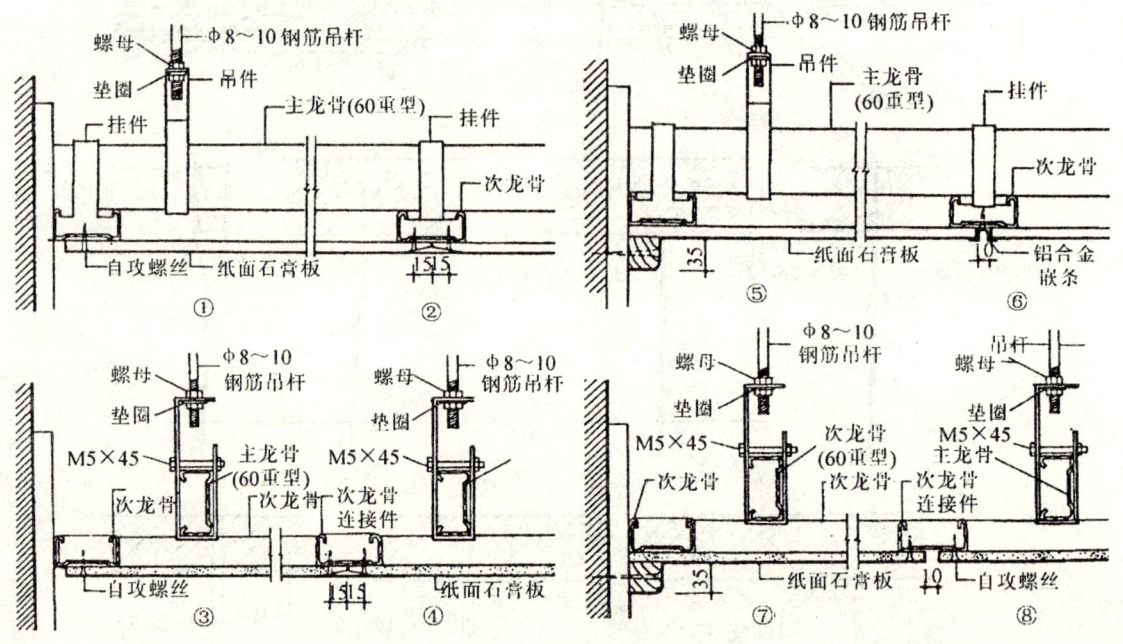

图4-3 轻钢龙骨吊轻质板构造图

（六）横撑龙骨的安装

横撑龙骨也要采用覆面龙骨，与次龙骨平行并垂直布置。它由覆面龙骨截取，安装时将端头插入挂件，扣在纵向的主龙骨上，用钳子把挂搭弯入承载龙骨内，在它与横向布置的覆面龙骨的垂直相交点使用配套的龙骨支托，将在同一平面上相互垂直的二者连接固定。组装好之后，横向的覆面龙骨与纵向的横撑底面达到水平状态。

(七)纸面石膏板的安装

纸面石膏板的罩面大多采用横向安装的方式进行。在吊顶面的排布一般从整张板的一侧开始,向另一侧逐步拼装。板与板之间要留有宽度为 7 mm 左右的缝隙。纸面石膏板要在自由状态下进行铺钉,以免造成凸鼓等现象。同时要注意,必须由板的中部向四边循序固定,不可采用多点同时施工。

纸面石膏板与轻钢龙骨的覆面龙骨进行连接紧固时,通常用自攻螺钉进行钉装,钉距在 170 mm 左右。自攻螺钉进入轻钢龙骨的深度大于 9 mm 为宜。螺钉头应略埋入板面,但不能使板材纸面破损。板的拼缝处必须是在宽度不小于 40 mm 的覆面龙骨上,短边要错缝安装,错缝距离不小于 300 mm。一般是以一个覆面龙骨的间距的基数,逐块排铺,见图 4-4。

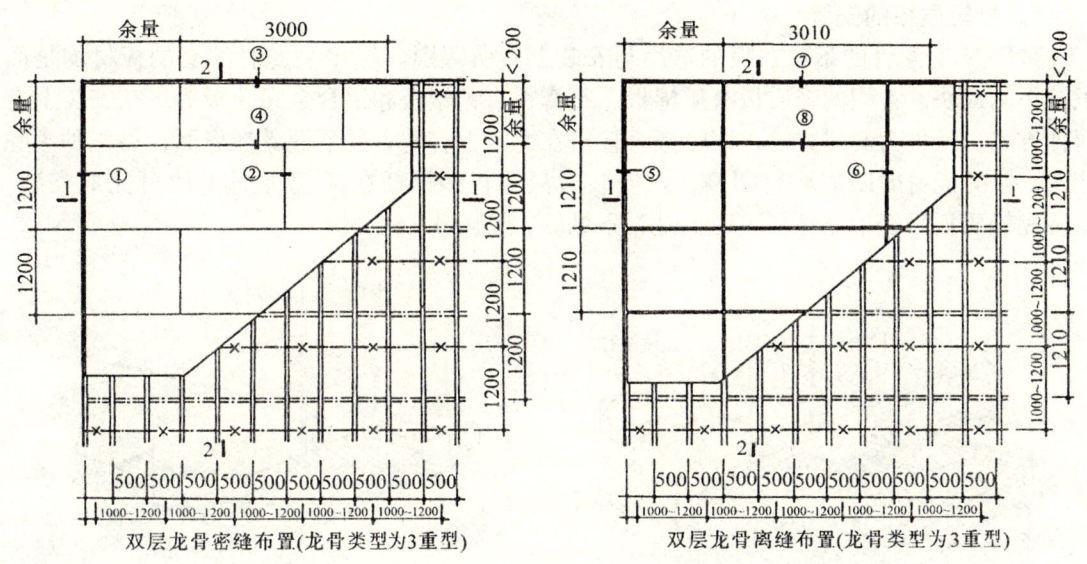

图 4-4 纸面石膏板的安装图

二、T 型轻钢龙骨吊顶施工

T 型轻钢龙骨与普通轻钢龙骨相比,其配件有所区别。这类龙骨所配套的板材是采用搭装或嵌装的方法安装,所以其骨架的安装和轻质板的安装也更为简单。

(一)有承载龙骨的吊顶

对于 T 型龙骨来讲,它本身不能充当承载龙骨。如果设计中有承载的要求,则要采用 U 型轻钢龙骨充当。承载龙骨与 T 型龙骨的连接要依靠 T 型龙骨挂件,其组装而成的能够承受附加荷载的吊顶形式见图 4-5。T 型龙骨之间的间距及分格方式要根据轻质板的单元尺寸来定。

(二)无承载龙骨的吊顶

无承载的轻钢龙骨吊顶就是无需再增加主龙骨。只需要其 T 型龙骨及 L 型边龙骨装配成单层龙骨吊顶骨架。T 型龙骨纵横布置,穿插连接。可选用 U 型系列的配件进行悬吊,也可使用本系列的配件。

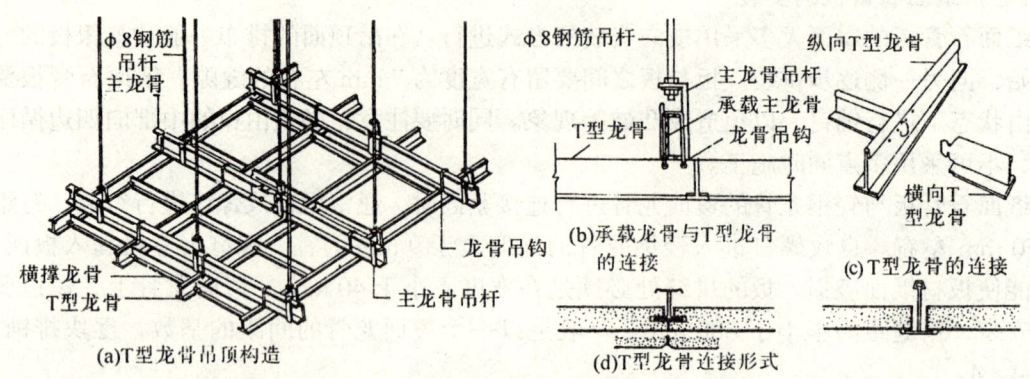

图 4-5 有承载 T 型龙骨吊顶施工示意图

(三) 轻质板的安装

采用 T 型龙骨的吊顶在板的选用与安装上有所区别。与 T 型龙骨配套的板材均是面积较小的板块。常用的轻质板有矿棉板、石膏板、钙塑板和铝合金穿孔板等。在安装上有两种方式，一种为暴露式的，即将板直接搭在龙骨上，龙骨的下面露在表面；另一种为隐蔽式，这类板材的四边均有凹槽，在安装时只要将凹槽插在 T 型龙骨上便可完成安装。安装完轻质板后轻钢龙骨在表面上是看不见的，见图 4-6。

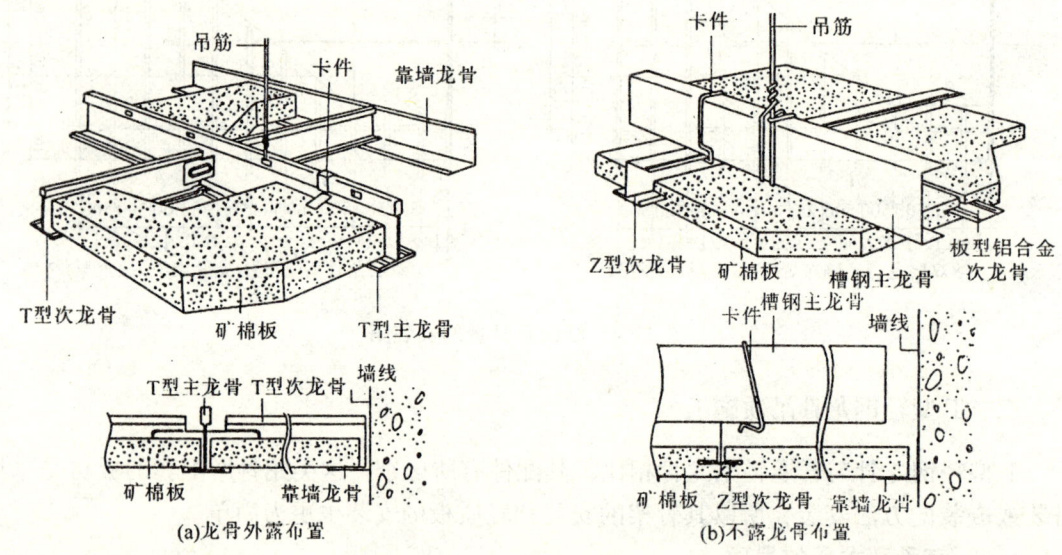

图 4-6 轻质板的安装

第二节 轻钢龙骨轻质板隔墙

轻钢龙骨轻质板隔墙是目前室内装修中空间分隔最常采用的墙体。特别是轻钢龙骨与纸面石膏板组装的隔墙，具有质量轻、强度高、防震、防火及隔热、隔声等优点。而且，由于不用砖砌和水泥砂浆抹灰，避免了湿作业的周期长、劳动强度高的缺陷，提高了施工效率。同时，轻钢龙骨纸面石膏板隔墙装饰性强，安装简便，设置灵活，拆卸方便，有着较高的抗变强度。

常用的轻质板还有硅酸钙板、埃特板等。

不同类型、规格的轻钢龙骨，能组合成不同的隔墙骨架构造，在施工中可根据设计的不同要求确定不同的龙骨布置。它的组成主要包括沿地、沿顶龙骨和竖向龙骨。有些类型的轻钢龙骨还要加贯通横撑龙骨和加强龙骨。竖向龙骨间距根据石膏板宽度而定，一般在石膏板边及板中间各装一根，间距在60 mm左右。如隔墙较高，则龙骨的间距应适当缩小。(图4-7)

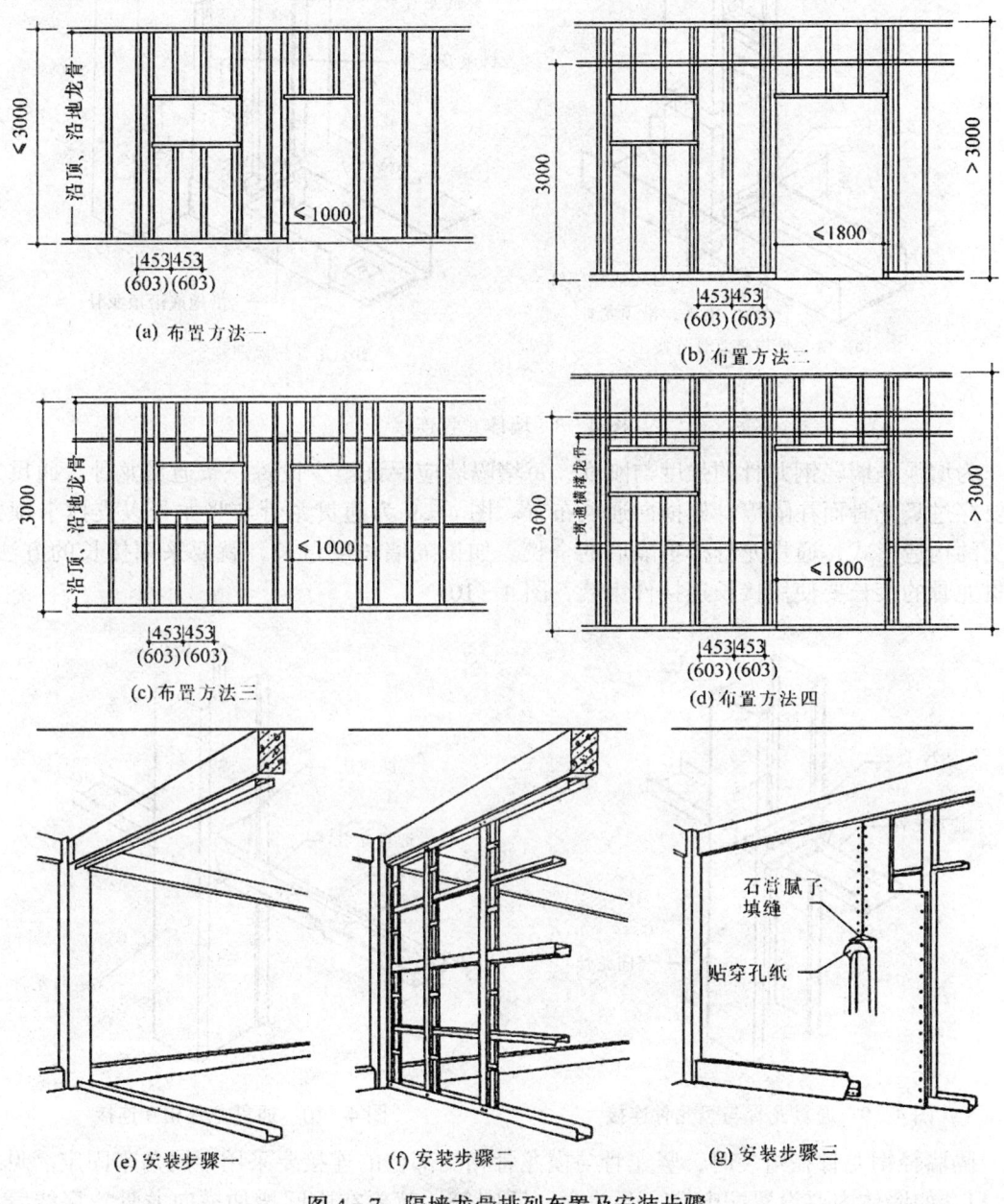

图4-7 隔墙龙骨排列布置及安装步骤

沿墙龙骨、沿柱龙骨、沿地龙骨、沿顶龙骨与主体的固定，一般采用射钉或膨胀螺栓的方法连接。竖向龙骨与横向龙骨的连接采用拉铆钉固定，见图4-8。门框和竖向龙骨的连接，视龙骨的类型有多种做法，有采用加强龙骨与门框连接的做法，也可采用木门框两侧的木框直接插入沿顶龙骨，然后固定在沿顶龙骨上。

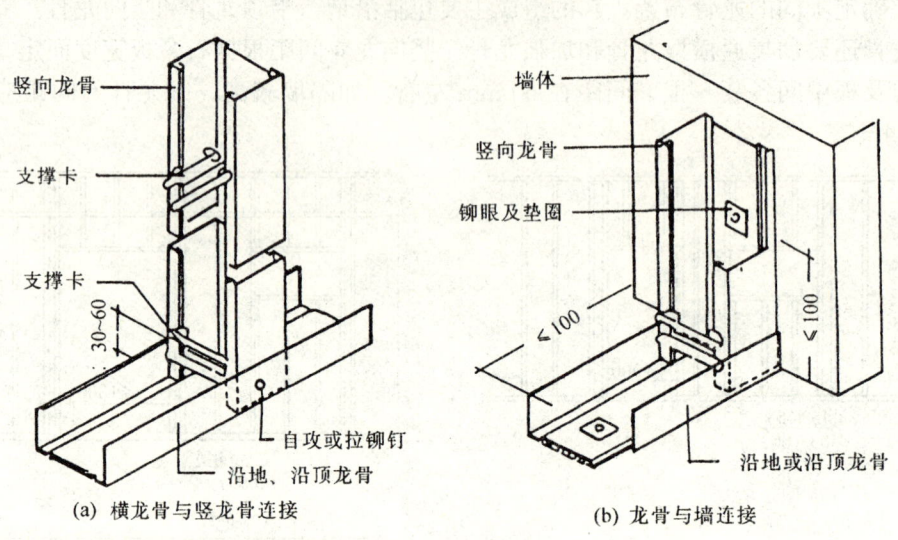

图 4-8 墙体龙骨连接

为增强隔墙轻钢龙骨的强度与刚度，每堵隔墙应保证至少设置一条通贯龙骨。通贯龙骨要穿过竖龙骨而在隔墙骨架横向通长布置。图4-9为通贯龙骨与竖龙骨以支撑卡锁紧相交的构造形式，通贯龙骨横贯隔墙的全长。如果隔墙长度过长，就要采用接长的方法，通贯龙骨的接长要使用接长连接件组装，图4-10。

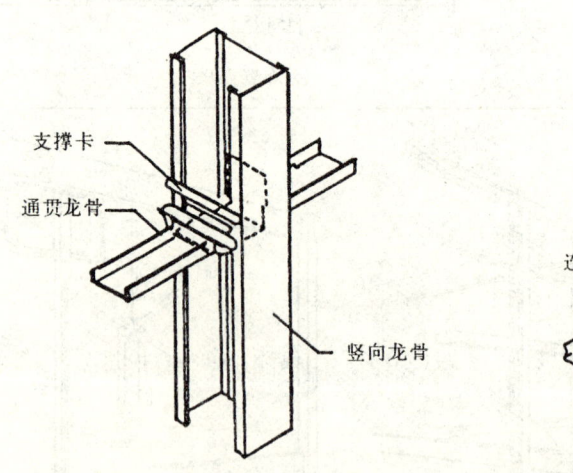 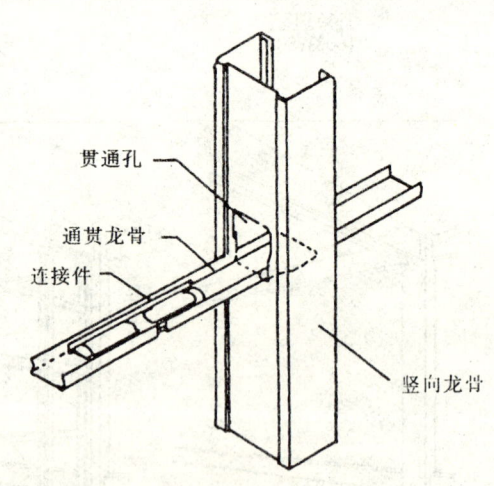

图 4-9 通贯龙骨与竖龙骨连接　　　　图 4-10 通贯龙骨相互连接

隔墙轻钢龙骨在组装时，竖龙骨与横龙骨相交部位的连接要采用金属角来固定。见图4-11。如墙体内要设置配电箱、开关盒、插座等，就要在中间增加横向龙骨、穿线管并设置暗盒，其作法见示意图4-12。

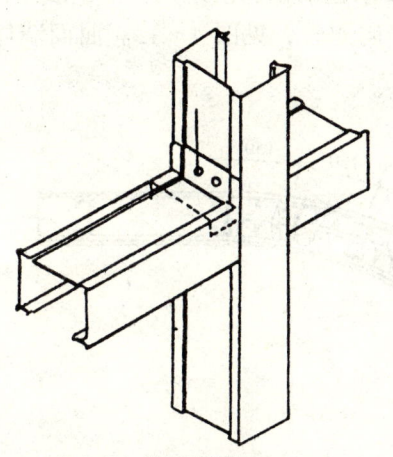 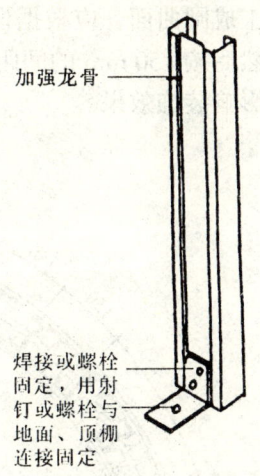

(a) 竖龙骨与横龙骨连接　　　　(b) 加强龙骨与地面连接

图 4-11

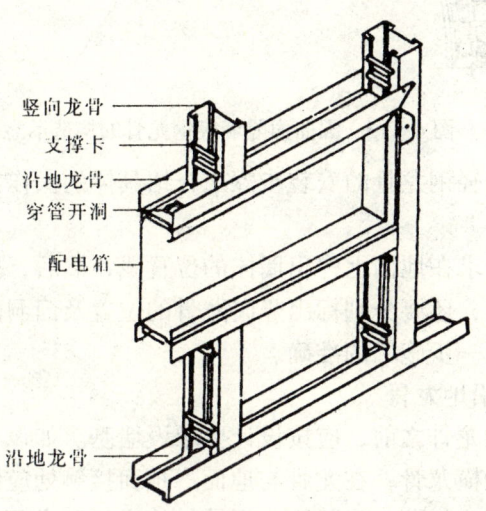

(a) 墙体与配电箱构造连接

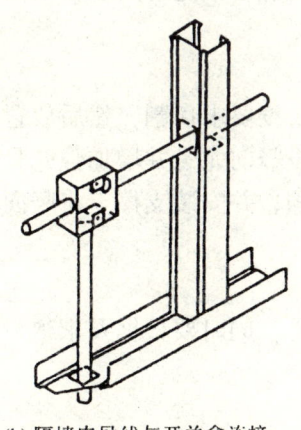 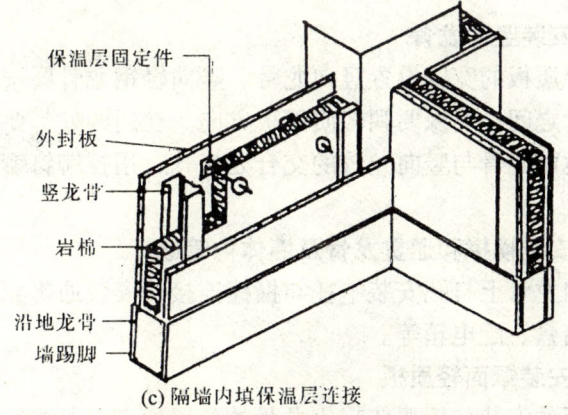

(b) 隔墙内导线与开关盒连接　　(c) 隔墙内填保温层连接

图 4-12

要将墙体加工成圆曲面，应根据设计要求把沿顶和沿地龙骨切割成锯齿形，并在顶面和地面上固定，然后按 150 mm 的间距设竖向龙骨，见图 4‑13。曲面墙体的曲面半径不可太小，否则会影响装饰效果。

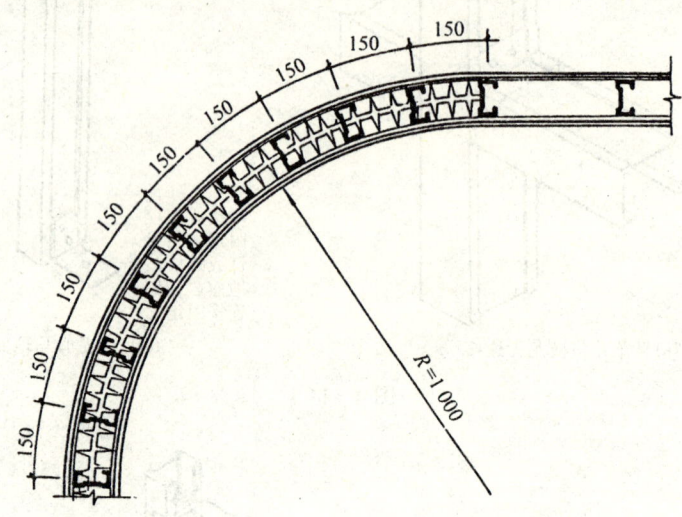

图 4‑13　圆曲面隔墙轻钢龙骨的构造示意图

下面我们将按隔墙轻钢龙骨的安装步骤来介绍具体的操作方法。

（一）放线

放线要根据设计要求在地面上弹出墙体的位置线，然后，按垂直吊线的手法将隔墙两端的墙面线标定。同时，还要分别标出竖向龙骨的位置及门洞的位置。放线的基本要求是清晰、准确，以利于下一步施工的准确。

（二）安装沿顶和沿地龙骨

在安装沿顶和沿地龙骨之前，应按设计要求设墙基。如设计无具体要求也可不设。然后，在地面和顶棚设置横龙骨，在龙骨与地面、顶面接触处应铺填橡胶条。按设定的间距用射钉枪或冲击钻打钉或打孔，安装膨胀螺栓，将沿地和沿顶轻钢龙骨固定在地面或顶梁上。

（三）安装竖向龙骨

根据轻质板的宽度设置竖向龙骨。竖向轻钢龙骨要按长度要求切割，然后放置沿地与沿顶的龙骨之间，翼缘要朝轻质面板方向。在门洞处都要设竖向龙骨并增加强龙骨。最后在顶面和地面龙骨与竖向龙骨的交合处打孔，用拉铆钉铆固，并安装支撑卡将竖向龙骨固定。

（四）安装横撑和通贯龙骨及墙体内管线

在竖向龙骨上打孔安装卡托与横撑连接，安装通贯龙骨，同时要根据要求敷设墙内暗装管线、暗盒、配电箱等。

（五）安装罩面轻质板

轻质板的安装位置要依轻钢龙骨的位置而定，基本原则是板的四边都要靠在轻钢龙骨上，以便固定。板边与板边都应保持 7 mm 左右的间隙，其作用是防止墙体的裂缝。墙体的填缝处理及表面修饰可参考涂饰工程一章。轻质板与轻钢龙骨采用自攻螺钉连接。螺钉的间距，板边部分为 200 mm，中间部分为 300 mm。自攻螺钉要尽量深入板内，不可凸出板的表面。板面安装完成后，在设有暗盒及配电盒等部位挖洞安装开关、插座、配电盒等。

第五章 铝合金工程

铝合金材料是一种新兴的建筑装饰材料。它的发展与普及速度较快,目前在大量的建筑装饰工程中被普遍采用。这是因为铝合金材料的诸多特点所决定的,如材质轻、强度高、色泽自然美观、密闭性好、抗腐蚀等。但最重要的是它的标准化、产品系列化及零配件通用化等特点,使铝合金材料的施工速度和施工周期大大加快。铝合金材料的发展前景也是被普遍看好的。

第一节 铝及铝合金

一、铝的特性

铝属于有色金属中的轻金属,质轻,密度为钢的三分之一,为 2.7 g/cm^3,是各类轻结构的基本材料之一。

铝呈银白色,有很好的导电性与导热性,其性能仅次于铜,所以铝也被广泛用来制造导电和导热材料。

铝是活泼的金属元素,它与氧的亲和力很强,暴露在空气中,很快会产生一层致密而坚固的氧化铝薄膜,可以阻止铝继续氧化,从而起到保护作用,所以铝在大气中的耐腐蚀性较强。

铝具有良好的延展性和塑性,易于加工成板、管、线及箔等。铝的强度和硬度较低,所以常用冷压法加工成制品。铝在低温环境中塑性、韧性和强度不会下降,因此,铝常作为低温材料用于航空和航天工程及冷冻食品的储运设备。

二、铝合金的性质和应用

纯铝强度较低,为提高其实用价值,常在铝中加入适量的铜、镁、锰、硅、锌等合金元素组成铝合金。铝中加入合金元素后,其机械性能明显提高,并仍能保持铝质量轻的固有特性,使用更加广泛,不仅用于建筑装修,甚至能用于建筑结构。

现在铝合金已广泛用于建筑工程结构和建筑装饰的诸多部位,如屋架、层面板、幕墙、门窗框、隔墙、顶棚、护栏以及其他室内装修及建筑五金等等。

三、铝合金的表面处理

在现代装修工程中,铝合金的用量与使用范围越来越广泛。为提高铝合金的装饰效果,要进行表面处理,经过处理后的铝合金材料表面的耐腐、耐光、耐磨、耐气候变化等性能均有改善，色泽也更为丰富。

（一）阳极氧化处理

阳极氧化处理一般用硫酸法，处理后的型材表面呈银白色，它是建筑用铝型材的主要品种。阳极氧化处理主要是通过控制氧气条件和工艺参数，使铝材表面形成比自然氧化膜厚得多的氧化膜层。膜层本身是致密的，但在结晶中存在缺陷。因为硫酸电解中的 H^+、SO_4^{-2}、HSO_4^- 离子会浸入膜层，使氧化膜局部溶解，在型材表面形成大量的小孔，所以还要进行封孔处理，以提高表面的硬度、耐磨性和耐腐蚀性等。致密的膜层也为进一步着色创造了条件。

（二）表面着色处理

经中和水洗或阳极氧化后的铝型材，可以进行表面着色处理。着色方法有自然着色法、金属盐电解着色法、化学浸渍着色法、涂漆法等。其中自然着色法最常用。

自然着色法是铝材在特定的电解液和电解条件下被阳极氧化而又同时着色的方法。电解法着色是对常规硫酸中生成的氧化膜进一步电解，使电解液所含的金属阳离子沉积到氧化膜孔底而着色的方法。

铝合金着色是通过铝材中不同合金元素和其含量，以及控制热处理条件来着色的。不同铝合金由于所含的合金成分及其含量不同，在常规硫酸及其他有机酸溶液中阳极化所生成的膜层颜色也不同。

四、铝合金型材的生产

建设用铝合金型材的生产方法可分为挤压法和轧制法两大类。在国内外基本采用挤压法。仅有在生产批量小、尺寸和表面要求较低的中、小规格棒材和断面形状简单的型材时才采用轧制法。

用于室内装饰的铝合金型材主要有：铝合金门、铝合金窗、铝合金隔墙及铝合金中吊顶的龙骨和板材等等，品种繁多、型号各异。接下来我们将详细介绍各种型材的使用与安装。

第二节　铝合金门窗的施工

目前，采用铝合金型材制作门窗的比较广泛。这是由于铝合金门窗与普通木门窗、钢门窗相比，有较多的优点，首先是密闭性强。密闭性是门窗性能的重要指标，铝合金门窗与普通木门窗和钢门窗相比，其气密性和隔离性能均佳。其次是材质轻、强度高。铝合金门窗是空腹薄壁组合的断面，这种断面利于使用并因空腹而减轻了重量，其重量较钢门窗轻50％左右。在断面尺寸较大且重量较轻的情况下，它的截面却有较高的抗弯刚度。抗腐蚀是铝合金门窗的又一优越性。与钢门窗和木门窗相比，它具有很强的防氧化、虫蛀、霉变性能。还有是施工快速、方便。铝合金门窗从框料型材加工、配套零件及密封件的制作都实现了标准化、系列化及零配件的通用化。这都使它的施工速度大大加快了。尽管铝合金门窗的大小尺寸及式样有所区别，但同类型采用的型材相同，所采用的施工方法也基本相同。

铝合金门窗按其开闭方式大致可分为平开门、推拉门和平开窗、推拉窗、中悬窗、固定窗等。下面具体介绍铝合金门窗的制作和安装方法。

一、铝合金平开门的制作与安装

铝合金门由门框、门扇、闭门器等组成。常用的闭门器有座地式地弹簧和门顶闭门器。普通铝合金门也有采用合页作为开合装置的。门框料多选用 75 mm×44 mm、100 mm×44 mm 的扁方管铝合金型材，门扇料多选用 46 系列铝合金门型材。46 系列地弹簧门的装配图见图 5-1。

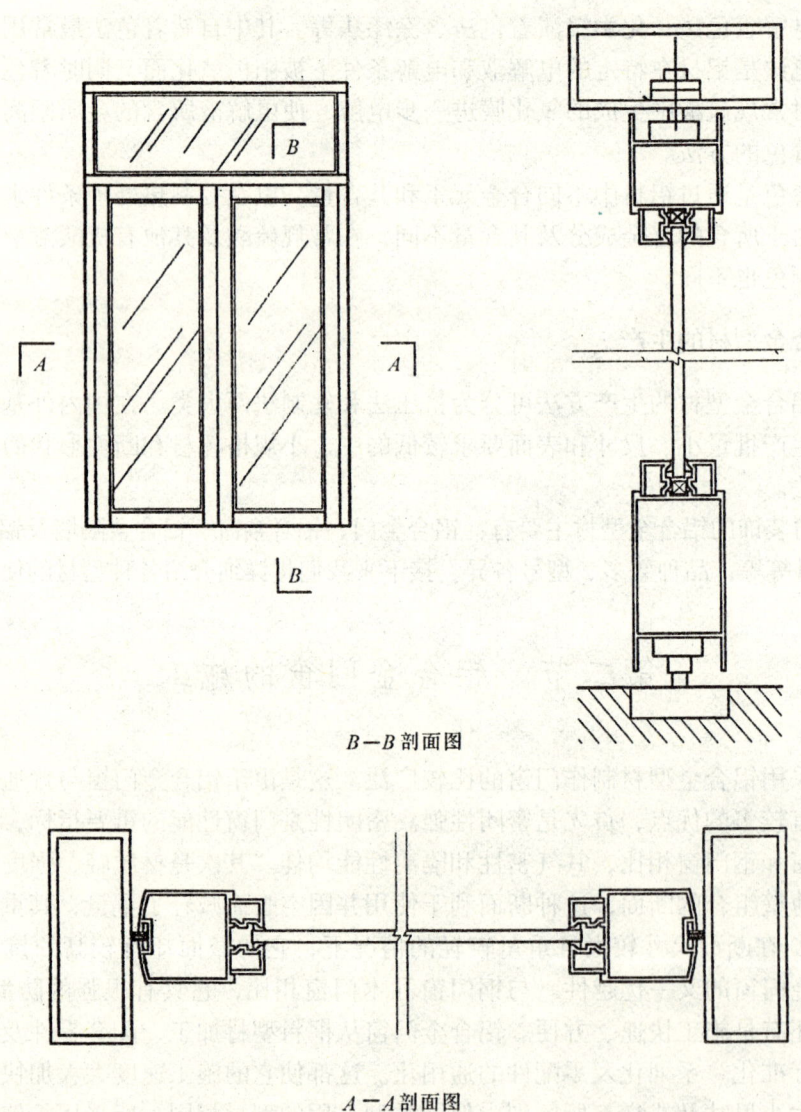

B—B 剖面图

A—A 剖面图

图 5-1

（一）门框制作与安装

铝合金门常用在铝合金玻璃隔墙中或砖墙中。如果是在铝合金玻璃隔墙中只要在制作隔墙时留出门框的位置便可。但如果在砖墙中安装铝合金门就要再另装门框。下面将具体讲述铝合金门的制作安装步骤。

1. 裁料

裁料是铝合金门制作的第一道工序。市场上的铝合金型材一般都是6 m长，裁料便是将长料按照设计所要求的尺寸进行截裁。裁割要用铝合金切割机切割。切割机的刀口位置应在划线以外，并留出划线的痕迹。

砖墙中的铝合金门框多选用 70 mm×44 mm 和 100 mm×44 mm 截面尺寸的扁方铝管材。裁料时，门框竖材长度为门扇高度尺寸加上亮高度尺寸，即门框竖材的高度要比门洞的高度低一点，门洞的高度以原地面高度为准，不包括地面后铺设的面砖和面板的厚度。横材的长度为门框宽的尺寸减去两边门竖杆的厚度尺寸。

门上亮的玻璃靠 12 mm×12 mm 的小铝槽分两面夹住。该铝槽竖杆的裁切按上亮内框高尺寸。铝槽横杆按上亮内框长采用厚3 mm的角铝条，每个铝角的裁切长度按门框料截面的内框长度计算。

2. 连接

门框横竖框料的连接用铝角码，连接前先把两个竖门框料靠在一起，并在与横框料连接之处划线。然后用一小截同样的框料扁方管作模，将作模的扁心管放在划线处，把铝角码放入模内靠紧，用手电钻将铝角码和竖框料一并钻孔，再用自攻螺钉将铝角码紧固在竖框料上。在横向框料的端头，插入固定在竖向框料上的铝角码，用直角尺检查横、竖框料对接的直角度，然后在横向框料的端头钻孔，钻孔时将横向框料与插入其内部的铝角码一并钻通，用自攻螺钉紧固。另一边也按同样方法进行，就将横竖框料连接起来了。

3. 安装门扇转动定位轴销

门扇上部转动的定位轴销，安装在门框的横向框料内。定位轴销是地弹簧的配套件。安装时，先在门框上横料端头划出横料宽度方向的中心线，然后按定位销组件上的定位销直径，调整螺钉直径、两固定螺钉直径以及在中心中线上的相距尺寸，进行划线并钻孔。定位销的轴心线距横料端头尺寸不应小于 100 mm。定位销轴组件与门框上横用螺丝钉进行固定。先把定位销从所钻好的销孔中伸出，然后用螺钉将定位销从所钻好的销孔中伸出，再用螺钉将定位销组件固定在门框横料内，其构造见图 5-2。

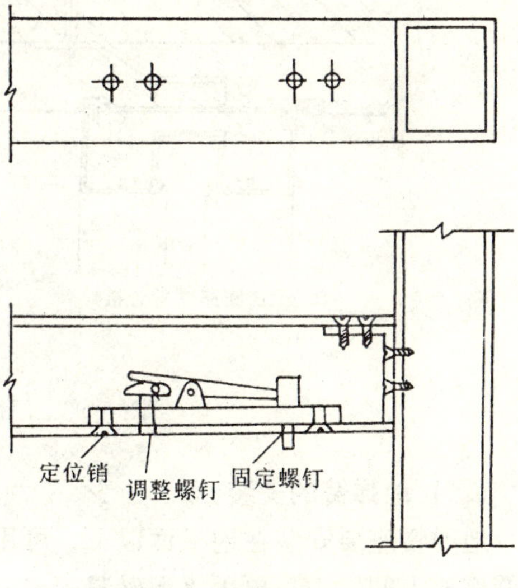

图 5-2 门扇定位轴销组装

4. 门框安装

先将墙面门洞用水泥沙浆补平，在门框侧边固定角码，然后校正门框位置，再用射钉、燕尾铁脚或膨胀螺栓将门框与墙洞连接，最后用水泥砂浆把洞口补平，见图 5-3。

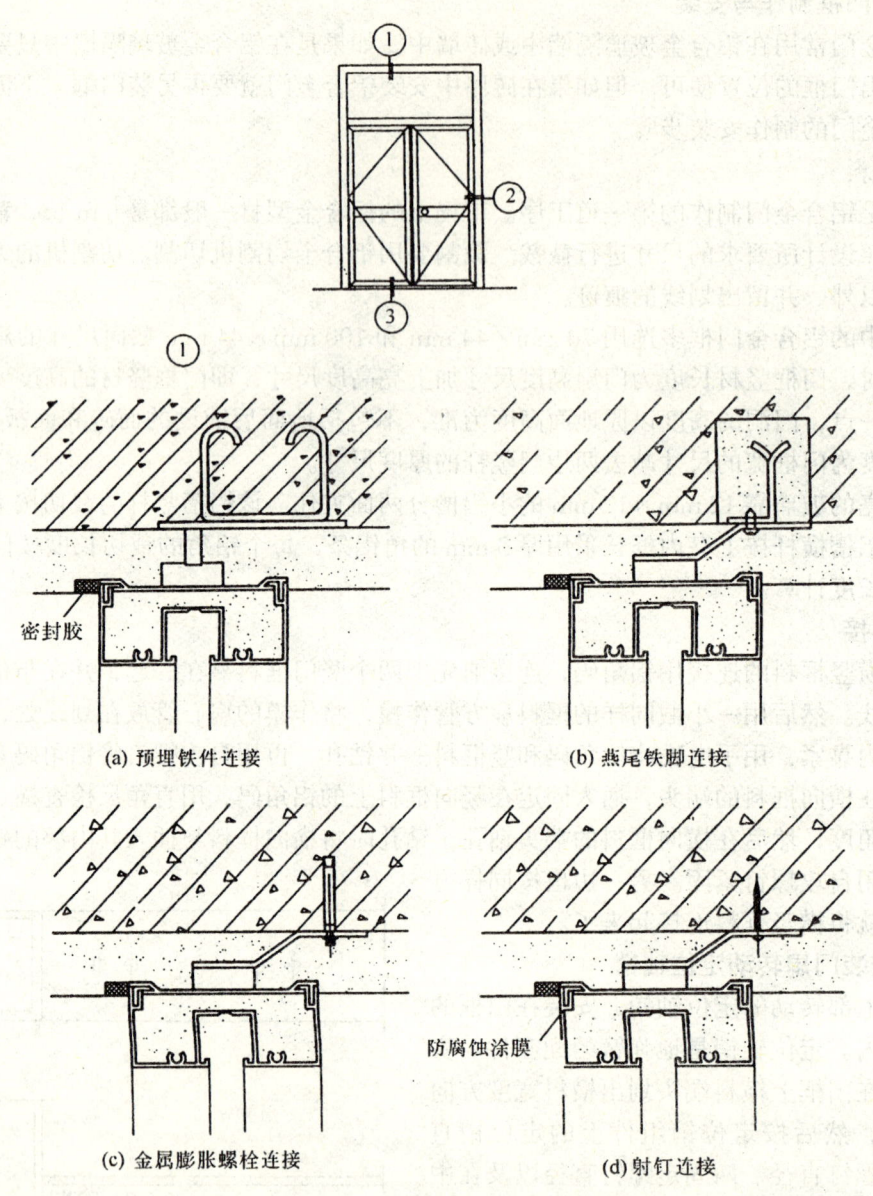

图 5-3 门框与墙体连接节点构造

(二) 地弹簧的安装

地弹簧座要安装在地平面以下，可用无齿锯在地面上按地弹簧尺寸开一个凹坑，将地弹簧座放入凹坑中，再用水泥砂浆固定补平。在安装中需要注意地弹簧座的上平面一定要与室内地面保持水平。如果地弹簧在安装时，地面的饰面板或饰面砖尚未铺装，地弹簧座就要按地面预定的标高线来定。注意：地弹簧在安装之前，先要用线锤作垂直线，使门框上横料的定位销与地弹簧轴的中心线保持绝对一致，这样才能保证门窗开闭的顺畅，见图 5-4。

(三) 门扇的安装

门扇的料由两个边框及上下横框所组成，门扇中间通常用 5 mm 厚的玻璃，两边用铝合金压条。

门扇的两个边料长度要依门洞的高度而定。其高度的尺寸通常比门框上横料至地弹簧平面的距离小 10~15 mm。门扇的上下横料长度是门扇的宽度减去两个边框料厚度尺寸，门扇的宽度尺寸应比门框宽小 3~6 mm。

组装时在竖挺上拟安装横挡部位用手电钻钻孔，连接也采用铝角码来固定横挡，其具体方法与门框的连接相同。

当门扇框较宽时，如超过 900 mm 的宽度，要在门扇框下横料中再加入一条两头都有螺纹的钢条进行加固。紧固时先紧固两头外侧的螺母，其构造见图 5-5。

最后，可按设计在门扇上安装拉手或安装门锁。

(四) 门扇转动配件的安装

门扇转动配件要装在上横挡内的转动销孔组件和装于下横挡内的地弹簧连杆上。安装时，按门框横料中的转动销轴线，距竖挺内边的距离给这两个门扇转动配件定位，使其与转动销、地弹簧轴的这条轴线一致。通常转动销孔中心线距门扇框外侧边为 96~98 mm。

门扇在安装时，要把地弹簧的转轴用于拧至门的开启位置上，然后将门窗上横挡内地弹簧连杆套在地弹簧转轴上，再将上横挡内的转动定位销用调节螺钉调动一下，待定位销孔与销对上后，再将定位销完全调出，并插入定位销孔中。

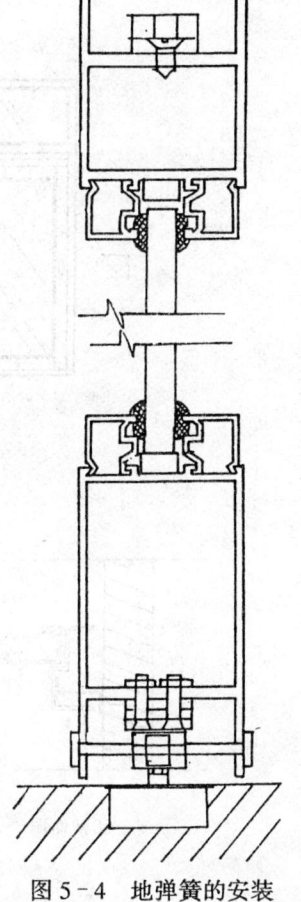

图 5-4 地弹簧的安装

二、铝合金推拉窗的制作与安装

推拉窗有的有上亮子，有的没有。本节我们将以有上亮子的推拉窗为例介绍推拉窗的制作和安装方法。推拉窗的样式及构造如图 5-6 所示。

图 5-5 门扇下横料的加固

(一) 截料

截料时要按照设计的尺寸，并参考实际尺寸进行。下料时的误差往往会造成材料的浪费，所以下料的尺寸需要准确，其误差要控制在 2 mm 范围内。

截料要用铝合金切割机，切割机的刀口位置要在划线以外，并留出划线痕迹。

窗的上亮部位一般要单独事先制作。一般用 25.5 mm×90 mm 的扁方管按设计尺寸做成方框。上下二条横挡的长度为窗框的宽度。两边的竖管的高度要用上亮的总高度减去两个横挡的厚度。

窗框料是由两条边封铝材和上、下滑道铝型材中一条组成。两条边封铝材的长度为窗的总高度减去上亮部分的高度。上、下滑道的长度等于窗框的宽度减去两个边封铝材的厚度。

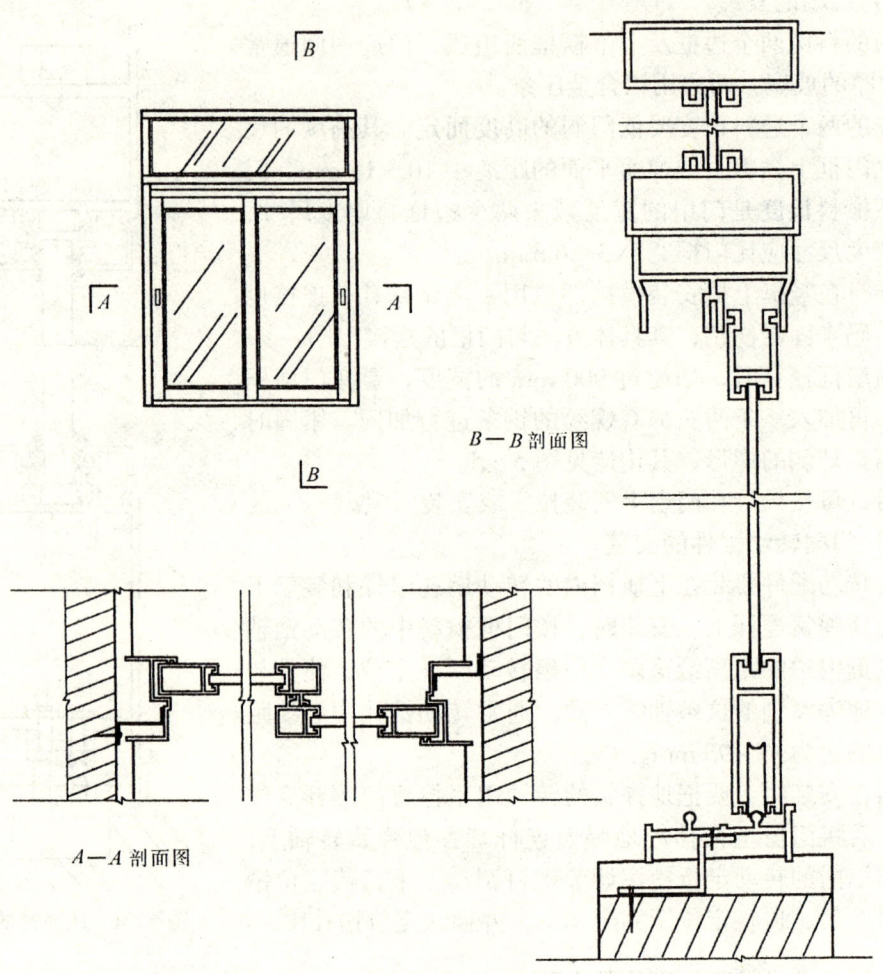

图 5-6 铝合金推拉窗构造图

窗扇料的尺寸要严格依据窗框的尺寸而定。因为窗扇在装配后既要在上、下滑道内滑动，又要进入边封的槽内，通过挂钩把窗扇销住。窗扇销住时，两窗扇的带钩边框之钩边刚好相接，但又要能封口。

（二）组装

上亮部分的扁方管型材一般均采用铝角和自攻螺钉进行连接，其构造见图 5-7。铝角多采用厚度为 2 mm 的直角铝角条，按所需的尺寸进行切割。其长度最好能与扁方管内的宽度一致，以免发生接口松动。

两条扁方管在用铝角固定连接时，可先用一小截同规格的扁长管作参考模。在横向扁方上要衔接的部位用模子定位，把铝角放在模子内，用手电钻将铝角与横向扁方管一同钻孔，再用自攻螺钉固定。然后取下模子，

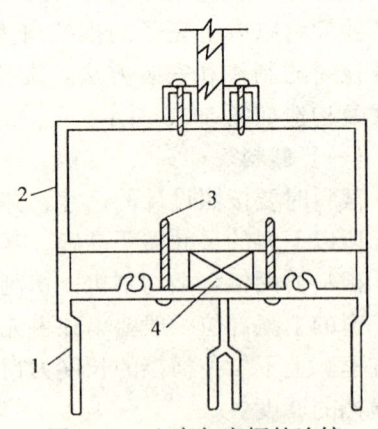

图 5-7 上亮与窗框的连接
1—上滑；2—上亮方管；
3—自攻螺钉；4—木垫块

再把另一条竖向扁方管放在模子的位置上，在角码的另一个方向打死，紧固螺钉。这样上亮的四根组装便可完成了。

上亮的四角处衔接固定后，可再用截面尺寸为 12 mm×12 mm 的铝槽作固定玻璃的压条。安装压条前，先在扁方管的宽度上画出中心线，再按上亮内侧长度割切四条铝槽条。安装压条时，先用自攻螺钉把铝槽紧固在中心线外，然后再让出大于玻璃厚度 0.5 mm 的距离安装内侧铝槽，自攻螺钉先不必上紧，待装玻璃时再固定。

窗框连接时要先量出在上滑道上面两条固紧槽孔侧边的距离和高低位置尺寸，然后按这两个尺寸在窗框边封上部衔接处划线打孔。孔径在 φ5 mm 左右。钻孔后将专用的碰口胶垫放在边封的槽口内，再将 M4×35 mm 的碰口胶垫穿过边封上打出的孔和碰口胶垫上的孔，再旋进上滑道上面的固紧槽孔内，见图 5-8。

在旋紧螺钉的同时，要注意上滑道与边封对齐，各槽对正，再上紧螺钉。然后在边封内装毛条。

按同样方法先测量出下滑道下面的固紧槽孔距、侧边距离和其距上边的高低位置尺寸，然后按这两个尺寸在窗框边封下部衔接处划线打孔，孔径也是 φ5 mm 左右。钻好孔后，把专用胶垫放在边封的槽口内，再把 M4×35 mm 的自攻螺钉穿过边封上的孔和碰口胶垫上的孔，旋进下滑道下面的固紧槽孔内。注意：固定时不得将下滑道的位置装反，下滑道的滑轨面一定要与上滑道相对应才能使窗扇在上下滑道上顺畅地滑动，见图 5-9。在连接四个角后，用直角尺测量并校正一下窗框的角是否是 90°，最后上紧各角上的衔接自攻螺钉。

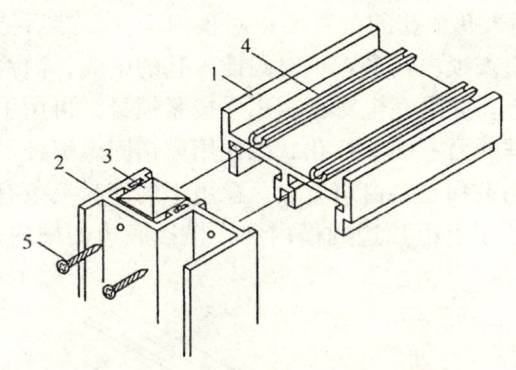

图 5-8 窗框上滑部分的连接组接
1—上滑道；2—边封；3—碰口胶垫；
4—上滑道上的固紧槽；5—自攻螺钉

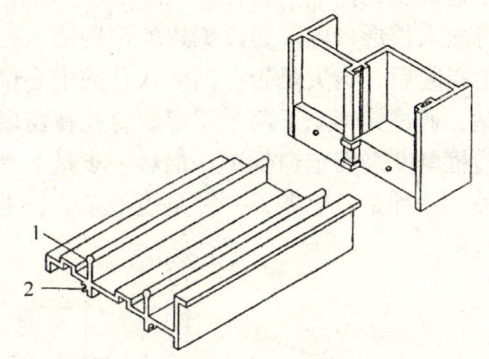

图 5-9 窗框下滑部分的连接组件
1—下滑道的滑轨；2—下滑道上的固紧槽孔

在连接拼装窗扇前，先要在窗扇的边框和带钩边框上下两端处进行切口处理，以便将上下横挡插入其切口内进行固定。上端开切 51 mm 长，下端开切 76.5 mm 长（图 5-10）。接下来在下横挡的底槽中安装滑轮，每条下横挡上各装两只滑轮，滑轮要装在两端处。其方法是把铝窗滑轮放进下横挡一端的底槽中，使滑轮上有调节螺钉的一面向外，此面与下横端头边平齐。在下横底槽板上划线定位，再按划线位置在下横底槽板上打 φ4.5 的孔两个，然后用滑轮配套螺钉将滑轮固定在下面的横挡里。再接下来是在窗扇边框和带钩边框与下横挡衔接端划线打孔。要打三个孔，中间一个是留出进行调节滑轮框上调整螺钉的工艺孔。这三个孔的位置要根据固定在下横挡内滑轮框上孔位置来划线，然后打孔，并要求固定后边框下端要与下横底边平齐。边框下端固定孔为 $\phi 4.5$，要用粗一点的钻头钻一个凹坑，以便使固定螺钉与侧面平整。工艺孔为 $\phi 8$ 左右。孔钻完后再用圆锉在边框和带钩边框固定孔位置下边的中线处，锉出一个 $\phi 8$ mm 的半圆凹槽。此槽可防止边框与窗框下滑道上的滑轨相撞。窗扇边框与下横挡的连接组装参见图 5-11。

再下步是安装上横角铝和窗扇的钩锁。其方法为：按上横挡截面内的尺寸截取二个铝角。把二个铝角放入上横挡的两头，使之一个面与上横端头平齐，并与铝角一起钻两个孔，用自攻螺钉把铝角固定在上横内，再在铝角的另一个面上的中间钻一个孔。根据该孔的位置在窗扇的边框和带钩边框上打孔，以用来固定上横与边框，其装配图见图 5-12。

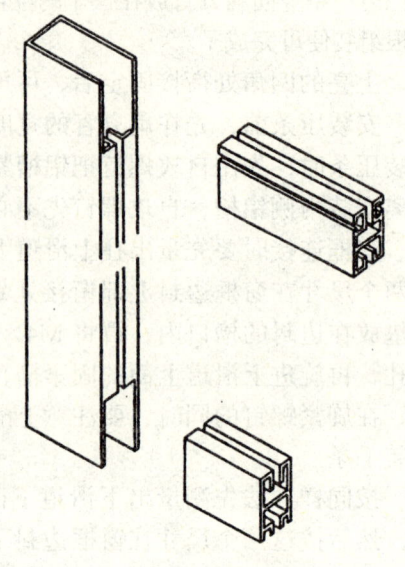

图 5-10 窗扇的连接

安装窗钩前，先要在窗扇边框上开销口，开口的一面要向室内。因为窗扇有左右之分，所以要特别注意开口的位置。窗钩锁的高低位置要根据实际情况而定，一般安装在距地面 1.5 m 的位置为好。开锁口的方法是先按钩锁可装入部分的尺寸在边框上划线，再用手电钻在划线框内的角位打孔或在划线框内沿线打孔，将多余的部分挖掉，用锤刀将边修平。再在边框侧面挖一个直径为 $\phi 25$ mm 左右锁钩插入孔，孔的位置要正对锁内钩处，然后把锁身放入长形口内。通过侧边的锁钩插入孔，检查锁内钩是否正对圆插入孔的中线，内钩向上提起后，钩尖是否在圆插入孔的中心位置上。如果完全对正，用手按紧锁身，再用手电钻，通过钩锁上下两个固定螺钉孔在窗扇边框的另一面上打孔，以便用窗锁固定螺杆贯穿边框厚度来固定窗钩锁。最后一步是上密封毛条和安装窗扇玻璃。窗扇上的密封毛条有两种，一种是长毛条，一种是短毛条。长毛条装于上横顶边的槽内和下横挡底边的槽内，

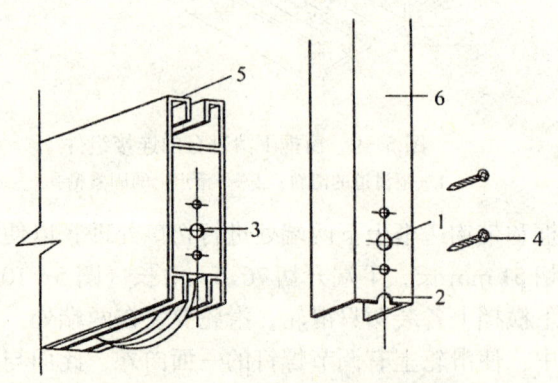

图 5-11 窗扇下横安装
1—调节滑；2—半圆槽；3—调节螺钉；
4—滑轮固定螺钉；5—下横；6—边框

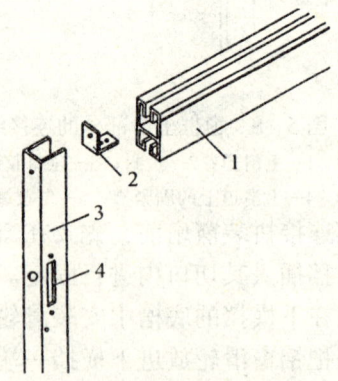

图 5-12 窗扇上横的安装
1—上横；2—角码；
3—窗扇边框；4—窗锁洞

而短毛条是装在带钩边框的钩部槽内。另外，窗框边封的凹槽两侧也需装短毛条，可在安装毛条工序中与窗扇毛条一并装好。两种毛条的安装位置见图 5-13。

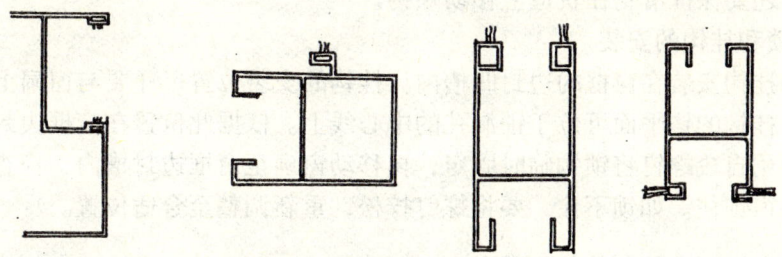

图 5-13 密封毛条的安装位置

在安装玻璃时，要先检查玻璃尺寸。一般玻璃尺寸长宽方向均比窗扇内侧长宽尺寸大 25 mm。然后在窗扇一侧把玻璃插进窗扇内侧的槽，并紧固连接好边框。安装方法见图 5-14。最后在玻璃与窗扇槽之间用玻璃胶密封。

上亮与窗框的组装要先准备两块 12 mm 厚木板，把它放在窗框上滑的顶面。再将上亮框放在上滑的顶面，将横框与滑道对正。然后从上滑的底部向上钻孔，把滑道与窗框一起钻通，再用自攻螺钉将上滑与上亮框扁方管连接起来。

（三）推拉窗的安装

1. 窗框与墙体的连接

推拉窗在安装之前，先要将窗洞的墙体用水泥修平。通常窗洞的尺寸要比铝合金窗框四周各边宽出 30 mm 左右。在铝合金窗框上安装铝合金角或铁

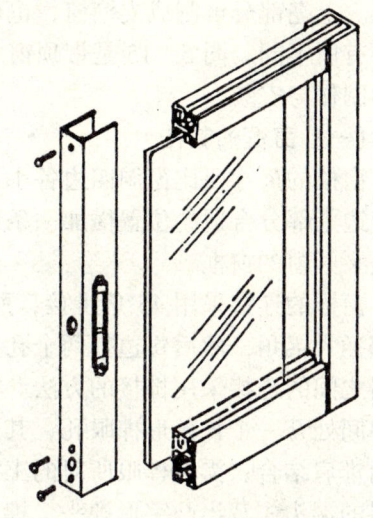

图 5-14 推拉窗式玻璃安装

制连接件，每条边上各安装两个。铝合金角再用膨胀螺栓或射钉固定在墙体上。

铝合金窗框装入洞口后要进行水平和垂直度的校正。校正后可用木楔把窗框临时固定在窗洞中。然后用水泥沙浆将窗框四周抹平。水泥砂浆的厚度要以盖住一部分铝合金框为准。待水泥砂浆完全固化后，方可进行下一步的施工。

2. 上亮子玻璃的安装

上亮子玻璃在安装前，先将上亮子的铝合金内侧压条取下来，玻璃安装完后，再装回上亮的窗框内，拧紧螺钉即可。

上亮玻璃的安装比较简单，但需要注意的是，上亮玻璃的尺寸要略小于内框的尺寸，要避免玻璃紧紧地顶住铝合金窗框。因为玻璃在高温或阳光照射下会受热膨胀。如果玻璃安装得过紧，受热膨胀后会引起玻璃胀裂。

3. 窗扇的安装

窗扇在安装前需先检查窗扇上的各条密封毛条有否脱落现象。如有脱落应用玻璃胶或其他橡胶类胶水粘结，然后用螺丝刀拧旋边框侧的滑轮调节螺钉，使滑轮向下横挡内内

缩，这样就可托起窗扇，使其上部插入窗框的上滑道中，并让滑轮从横挡中露出来，露至以下横挡内的长毛条刚好能与窗框上滑面相接触为好，以使下横内的毛条起到较好的防尘效果。另外，还要保证滑轮在轨道上移动顺畅。

4．窗钩锁和挂钩的安装

窗钩锁的挂钩安装在窗框的边封凹槽内。挂钩的安装位置尺寸要与窗扇上挂钩锁洞的位置相对应，挂钩的钩平面可位于锁洞孔的中心线上。依据此位置在窗框边封凹槽内划线打孔，钻孔后用自攻螺钉将锁钩临时固定，再移动窗扇至窗框边封槽内，检查窗扇锁可否与锁钩相接将窗锁住。如锁不住，要将螺钉拧松，重新调整至合适位置。

三、铝合金平开窗的制作与安装

平开窗主要是由窗框和窗扇部分组成。平开窗可根据需要制成单扇、双扇及带亮子的窗子。上亮部分可制成支摘窗，也可制成固定窗。但上亮部分的铝合金材料与推拉窗上亮部分有所不同。图5-15是带顶窗双扇平开扇的构造图。下面以此窗为例介绍铝合金平开窗的制作与安装。

（一）窗框的制作

窗框的尺寸要比窗洞四边各小25 mm左右。平开窗的上亮边框和窗边框为同一框料，在窗边上部分合适的位置横加一条窗工字料，就构成上亮的框架，横框工字料以下部位，就是平开窗的窗框。

窗框的连接采用45°角拼接，所以在截料时四条框料的端头应截成45°角。在接头的内部插入铝角，然后每边打两个孔并用自攻螺丝挤紧、固定。上亮横窗的工字料与竖窗工字料之间的连接采用榫接的方法。横窗工字料与竖窗工字料连接前，先在横窗工字料的长度中间处开一个长条形榫眼孔，其长度为20 mm左右，宽度略大于工字料的壁厚。如果是斜角榫肩结合，需在榫眼所对的工字上横挡和下横挡的一侧开裁出90°角的缺口。竖窗工字料的端头先裁出凸字形榫头，榫头长度约9 mm左右，宽度比榫眼长度大0.7 mm左右，并在凸字形榫头两侧磨一个斜口，在榫头顶端中间开一个5 mm深的槽口。然后，再裁切出与横窗工字料上相对的榫肩部分，同时用铁锉将榫肩部分修平。

榫头、榫眼部分加工完毕后，将榫头插进榫眼，将榫头的伸出部分，以开槽口为界分别向两个方向拧歪，使榫结构部分锁紧，将横向工字形窗料与竖向工字窗料连接起来。

（二）窗扇的制作

平开窗的窗扇型材有三种，窗扇框、玻璃压条和连接铝角。窗扇槽向框料尺寸要按窗框中心竖向工字料中间至窗框的边框料外边的宽度尺寸来切割，竖向框料要按窗框上部横向工字型料中间至窗框边框料外边的高度尺寸来切割。这样，使得窗扇组装后，其侧边的密封胶条能压在窗框架的外边。横、竖窗料裁切下来后，还要将两端再切成45°角的斜口，并用锉刀修平。连接铝角是用比窗框铝角小一些的窗扇铝角，裁切方法与窗框铝角相同。窗压线条也要按窗扇尺寸切割，端头也要加工成45°角。

窗扇的连接是采用铝角加自攻螺钉的方法固定。在连接前要先将密封胶条塞入窗扇框的凹槽内。

（三）安装固定窗框

在固定窗框之前，先在窗框四周安装镀锌锚固板，每边两个。安装窗框的墙洞要先用

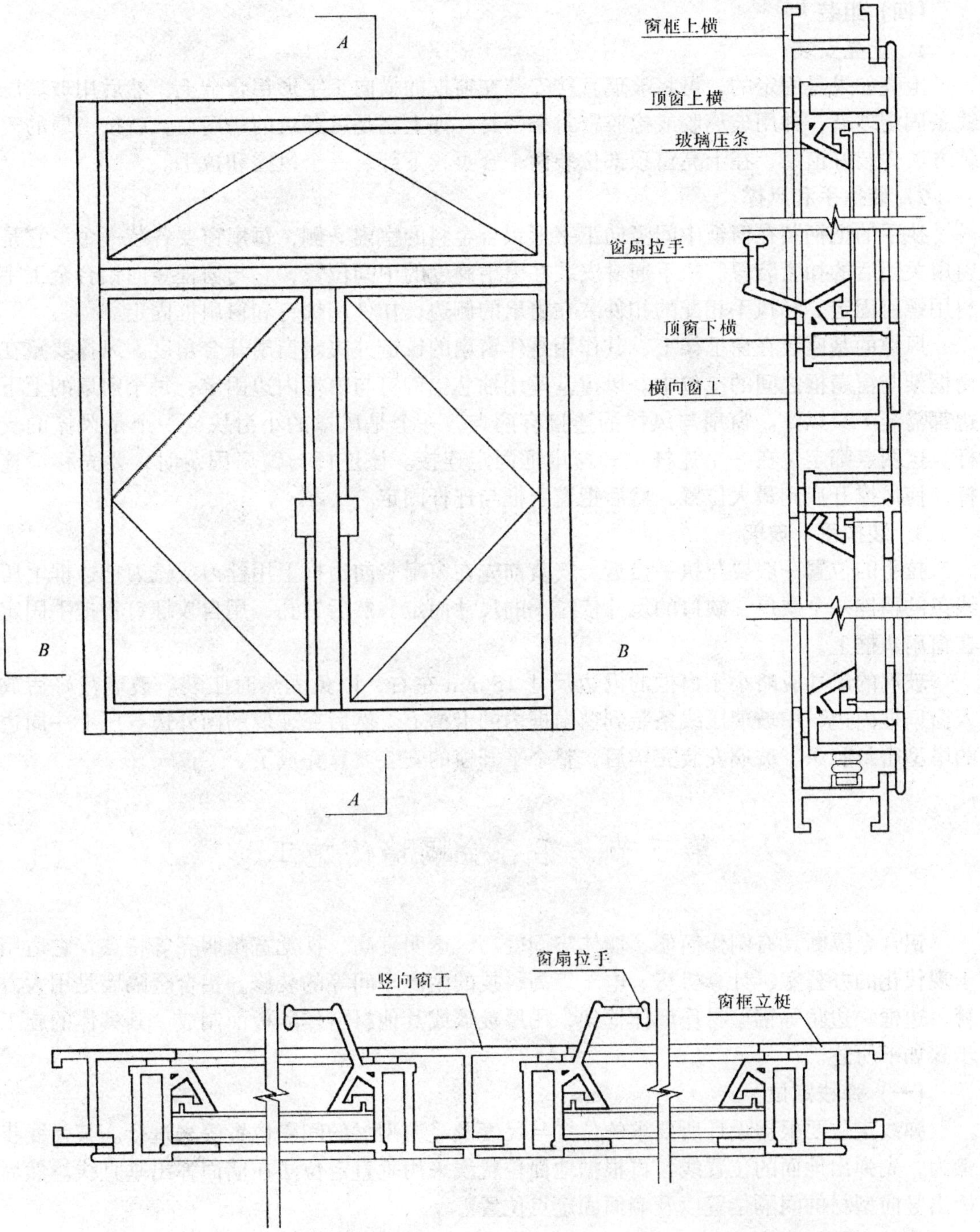

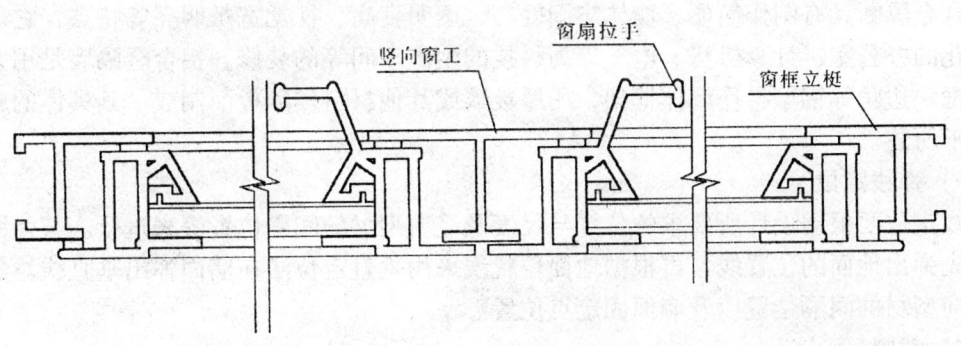

图 5-15　铝合金平开窗组装图

水泥修平，然后把装入窗洞中的窗框进行水平和垂直的校正，并用木楔块把窗框临时固定在窗洞中，再用射钉或膨胀螺栓把锚固板钉在墙体上。最后用水泥砂浆塞口修边，待水泥砂浆完全固化后再进行下一步。

（四）组装

1. 上亮安装

上亮如果是固定的，可将玻璃直接安装在窗框的横向工字形铝合金上，然后用玻璃压线条固定玻璃，并用玻璃胶或橡胶密封条密封。如上亮是可开启的一扇窗，就按窗扇的安装方法先装好窗扇，在上亮窗顶部位装两个合页，下部装一个风撑和拉手。

2. 装执手和风撑

执手的把柄装在窗框中间竖向工字形铝合金料的室内一侧，每扇窗要各装一个。它是窗扇关闭后的扣紧装置。执手通常安装在窗扇高度的中间位置，它与窗框竖向铝合金工字料用螺钉固定。和执手相配的扣件装在窗扇的侧边，扣件用螺钉和窗扇框固定。

风撑的基座装在窗框架上，其作用是作窗扇的铰链并决定窗扇开合角度。风撑要藏在窗框架与窗扇框之间的空位中。风撑基座用抽芯铝铆钉与窗框内边固定，每个窗扇的上下边都需装一只风撑。窗扇与风撑的连接有两点，一个是风撑的小滑块，一个是风撑的支杆。这两点都定位在一个连杆上和窗扇框固定连接。该连杆与窗扇固定时，要先移动连杆，使风撑开启到最大位置，然后把窗扇框与连杆固定。

3. 装拉手、玻璃

拉手的位置一般要与执手接近。安装前先在窗扇竖向边框上用锉刀或铣刀把边框上压线条的槽锉一个缺口，缺口的尺寸依拉手的尺寸而定。然后钻孔，用自攻螺钉将把手固定在窗扇边框上。

玻璃的尺寸应略小于窗框的内边尺寸 15 mm 左右，以免受热时胀裂。玻璃裁好后放入窗扇框内边，用玻璃压线条装到窗扇框内的卡槽上。然后在玻璃的内外边各压上一周边的塔型密封胶条。玻璃安装完毕后，整个平开窗的安装就算完成了。

第三节　铝合金隔墙的施工

铝合金隔断具有制作简便、墙体牢固轻巧、透明度高、视觉宽敞明亮等特点，它适用于现代化的办公室、计算机房、电子等高科技的生产车间等的装修。铝合金隔墙是用大方管、边框、边角等铝型材作墙体框架，用厚玻璃或其他材料作隔板而制成。其具体的施工步骤如下所述。

（一）弹线定位

弹线定位要根据设计所要求的位置与尺度及竖向型材的间隔位置等来进行。其弹线步骤为，先弹出地面的位置线，再根据地面位置线采用垂直定位法在墙面弹出垂直线。然后标出竖向型材的间隔位置以及墙面固定点位置。

（二）截料

切割铝合金型材前要根据设计的尺寸首先划线，划线要准确。截料要从隔墙中最长的型材开始，逐步截到最短的料。铝合金型材的切割要采用专用的铝材切割机，切割时要夹紧型材。切口要保证平齐光滑,以保证尺寸的准确,安装顺利。

(三) 安装与固定

用作隔墙框架的铝合金型材其截面一般都是矩型。为了安装方便及整齐,竖向型材与横向型材均采用同一规格的。

铝合金型材之间的连接通常采用铝角件连接的方法。铝角厚度一般是 3 mm 左右,铝角件的长度应恰好是型材的内径长度。连接角的作用是将型材相互连接并起到定位的作用。固定要用自攻螺钉。

半高的铝合金隔断一般先在地面组装好框架后,再竖起来固定。而全封铝合金隔墙一般是先固定竖向型材,再安装横挡型材。其安装方法是,沿竖向型材,在与横挡相连接的划线位置上固定铝角。固定前先在铝角上钻两个孔,孔中心距铝角件端头 10 mm,然后用一小截型材作模放在即将固定的横挡上的划线位置,再把铝角件放入这个铝合金模内,用手电钻和相同于铝角件上小孔直径的钻头,通过铝角件上小孔在竖向型材上钻两个孔,最后用自攻螺钉将铝角固定在竖向型材上。横向型材和竖向型材对连时,先要把横向型材端头插入竖向型材上的铝角上,并使其端头与竖向型材侧面靠紧,再用电钻将横向型材和铝角同时钻孔,然后用自攻螺钉固定。

铝合金框架与墙面、地面及顶面的固定通常采用铁件。铁件的一端与铝合金框架连接,另一端与墙面、地面或顶面固定。

(四) 安装玻璃或合金面板

铝合金隔墙的玻璃安装可采用两种方法。一种是安装固定玻璃,这种方法比较简单,只要将玻璃按铝合金框的尺寸切割后(一般要略小于铝合金框的尺寸),再在两边装上铝合金扣角便可了。另一种方法是安装活动铝合金窗,其具体的安装方法在铝合金窗的章节中已经讲过,在此不再赘述。

铝合金隔墙根据需要也可安装铝合金扣板,其安装方法与安装固定的玻璃方法相同。

第四节 铝合金吊顶

铝合金吊顶是一种新型轻质的建筑装饰材料,系采用铝合金板材加工而成。铝合金吊顶具有材质轻、强度高、防火耐燃、抗腐蚀,以及结构简单、折装方便等优点,极适用于对防火要求较高的大型公共建筑。

一、方型铝合金吊顶施工

安装方型铝合金吊顶板,其吊顶龙骨的组装有两种基本形式。一是有附加荷载的可上人吊顶,其承重龙骨采用轻钢 U 型龙骨,悬吊构造和悬吊方法参见本书第四章轻钢龙骨吊顶,其覆面龙骨是铝合金 T 型龙骨;也可采用金属方型板吊顶安装的配套嵌龙骨,覆面龙骨与承载龙骨的连接采用其配套挂件或挂钩,由此装配成轻金属龙骨骨架。另一种安装方式是无附加荷载的轻便吊顶,采用 T 型轻金属龙骨或方板吊顶材料的配套嵌龙骨装配成纵横连接的吊顶龙骨骨架,然后安装铝合金方型顶板。方型铝合金顶板安装在吊顶覆面龙骨之上的方法可根据工程实际情况而定,现在常采用搁置式和卡入式两种安装法。

（一）搁置法安装

搁置法一般是采用 T 型轻金属龙骨作吊顶的覆面龙骨。铝合金方型板四边都带翼，将其搁置于 T 型龙骨的翼板之上即可。龙骨的分格要按方型板的规格而定。见图 5-16。

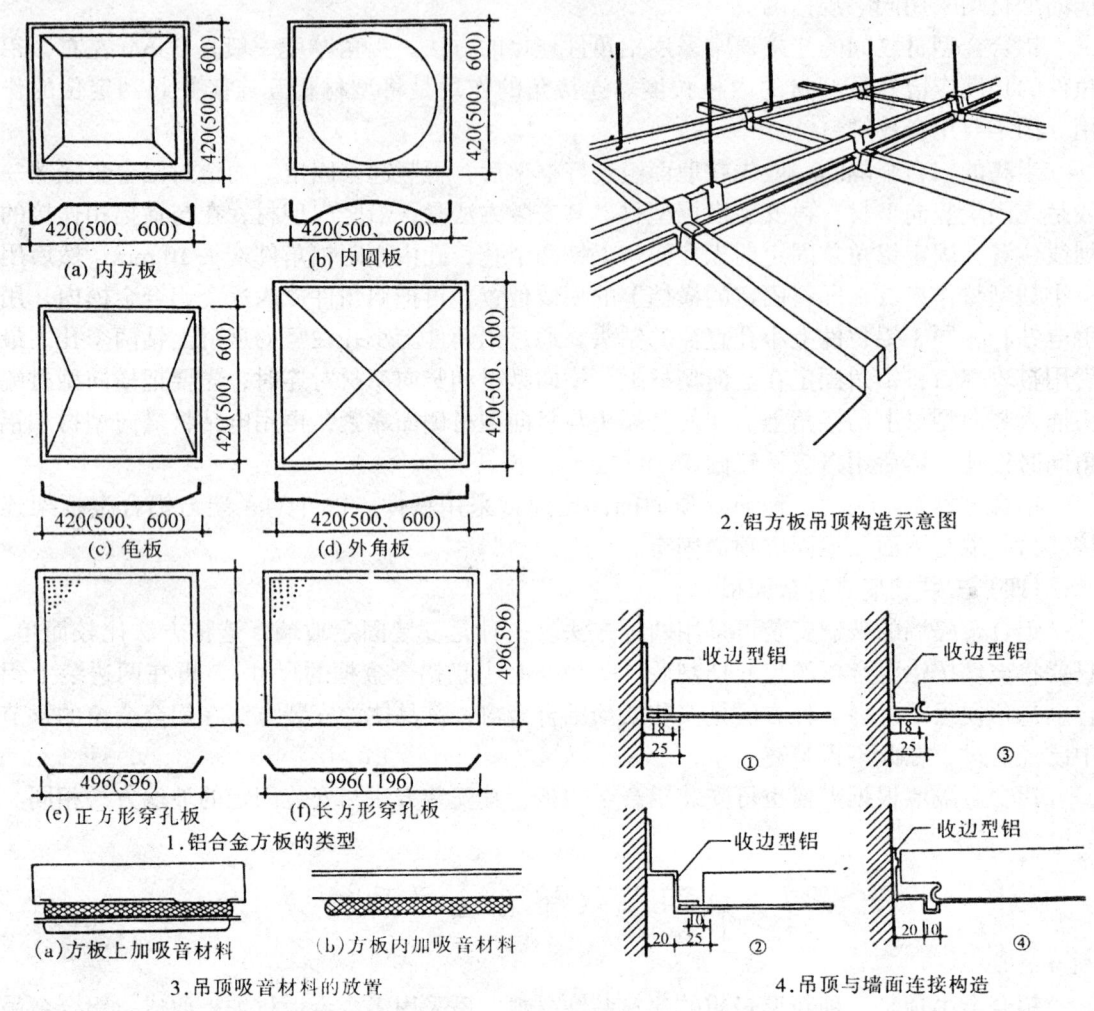

图 5-16 搁置法安装

（二）卡入式安装

这种安装方法的龙骨材料为带卡簧的嵌龙骨配套型材，便于方型铝合金顶板的卡入。铝合金方板的卷边面向上，形成缺口式的盒子形。一般的方板边部在加工时轧出凸起的卡口，可以精确地卡入带卡簧的嵌龙骨中，连同其边龙骨均具卡簧形式，可以卡住铝合金方型板。其安装构造节点及安装形式见后面的图 5-18。

二、铝合金条板的吊顶安装

铝合金条板也称铝条扣板，这种条形板的安装，基本上无需各种接件，只是直接将长形板条卡扣在特制的金属龙骨上，即可完成安装，故称之为加板。铝合金条板有方边、圆边、卡扣边多种形式，在装修工程中应根据具体情况选择，重要的是条板要与龙骨配套使用。

铝条板一般多采用卡扣的固定方法。卡扣的条板，其板边在挤压成型时一次完成，只要与配套的龙骨配合使用即可。龙骨一般具有骨架和卡具的双重作用。条形板的安装是利用铝合金板的弹性，直接将其卡在龙骨上，安装极为简便。其安装形式及构造见图 5-17。

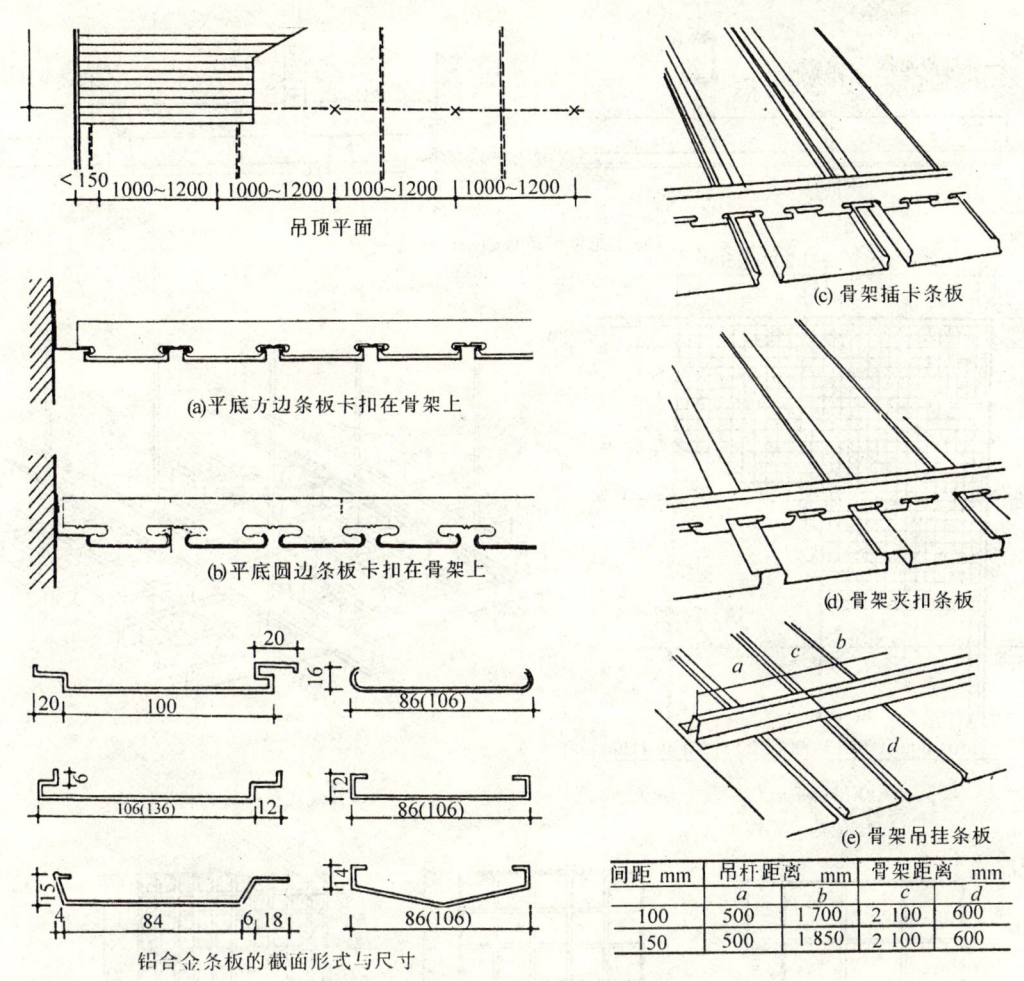

图 5-17 条板的吊装构造

三、铝合金单体组合开敞式吊顶

铝合金单体组合开敞式吊顶的装饰形式是以一个标准单位为基本构件组合而成，这些方式使建筑室内顶棚既遮又透，形成了独特的造型效果。它不但是一种奇异的装饰构成方式，而且也易于照明、通风等设备的设置。如将灯具置于可靠格栅的上部，可使光线均匀柔和而减少眩光；在格栅顶棚上设置空调管道，风道风口向下均匀地送风，可以改善一般送风孔送风过于集中以及与灯饰不易协调等问题。另外，单元吸声体组合悬吊的顶棚的吸声效果更好，可以减少回声；对有听音要求的大空间，有设置反射板的效果。

铝合金单体组合开敞式吊顶具有质量轻、结构统一、安装灵活方便、抗震、防火等优点，广泛用于展览馆、博物馆及大型百货商场的营业厅等公共建筑中。

这种吊顶在安装施工时，只需将每一个标准单位构件用卡具连成一体，再与承载龙骨连接即可。其安装构造见图5-18。

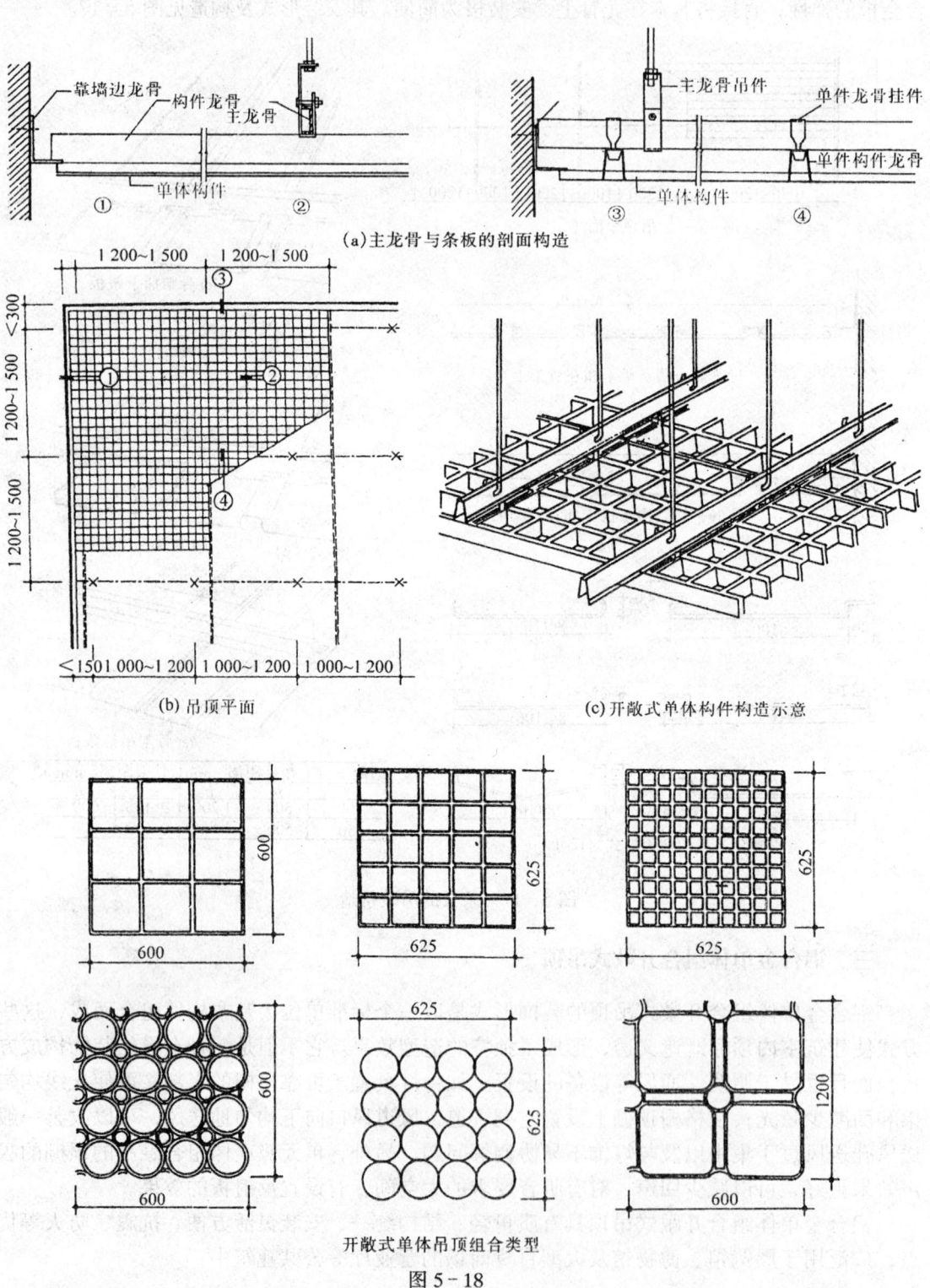

图 5-18

第六章 涂饰工程

涂饰工程在整个装修工程中是最后的饰面工程，因此，对施工的质量要求也最高。总体来讲，对涂饰工程的质量要求包括以下几方面：(1) 要求防腐性能、附着性能强。不脱落、开裂、粉化。(2) 光色适合。不滴流、起皱、泛色和透底。(3) 能发挥其材料本身的特性与功能。包括绝缘、杀菌、防霉、辐射等。

涂饰工程与其他饰面工程相比较也是最方便、最经济且最容易出效果的一种装饰手段。它与其他饰面工程(如木材饰面、石材饰面、复合板饰面等)相比，具有施工工艺更简单，不增加建筑物的荷载，修缮方便等诸多优点，因此它近年来正逐渐成为公共建筑和住宅建筑首选或热选的施工手段。

第一节 涂　　料

涂料是一种常用的建筑及装饰材料，涂刷在某些材料表面，能结硬成膜。涂料不仅色泽美观且色彩丰富，同时能起到保护主体的作用，从而提高主体建筑材料的耐久性。涂料应能满足使用功能上的要求，并具有适当的粘度和干燥速度，所形成的漆膜应能与基面牢固结合，具有一定的弹性、硬度和抗冲击性，同时还有良好的遮盖能力。

油性涂料是品种庞杂的涂料系统中以油脂、天然树脂或合成树脂为主要成膜物质的溶剂型涂料。人们传统中用以涂刷家具、器具或建筑物的涂料，多是利用经过处理的植物油或天然树脂制得的液状混合物，多习惯称为油漆。现在，随着石油化工和有机合成工业的发展，已经人工制造出日益繁多并且性能完善的合成树脂以及无机高分子化合物，它们可以用于生产各种具备不同性能、不同用途和适宜不同涂装方式的涂料新产品。

油性涂料是一种胶体溶液，它有含颜料和不含颜料两种，使用前为稠状液体，涂于物体表面干结后呈固体薄膜，被称为涂膜、漆膜或漆皮。它具有阻隔空气、水分、微生物、日光或化学药品等物质侵蚀的性能，被广泛用于木材、金属、水泥等多种材料表面，使物体表面起到保护和美化的作用。

油性涂料的主要成分包括主要成膜物质、次要成膜物质和辅助成膜物质三类组成。

(一) 主要成膜物质

油性涂料的主要成膜物质是油料和树脂。油料和树脂被溶剂溶解后成为粘结剂，才可能形成涂膜。其中，油料是目前广泛使用的涂料中应用最早的成膜材料，是制造油性涂料和油基涂料的主要原料。油料的来源是天然植物种子或动物脂肪，其中以植物油使用最多。按油料的形态可分为液态油料和固态油料，它们都是由种类不同的脂肪酸混合甘油构成。根据油料干结成膜的速度，又可分为干性油、半干性油和不干性油。三种不同干性油料的性能比较见表6-1。

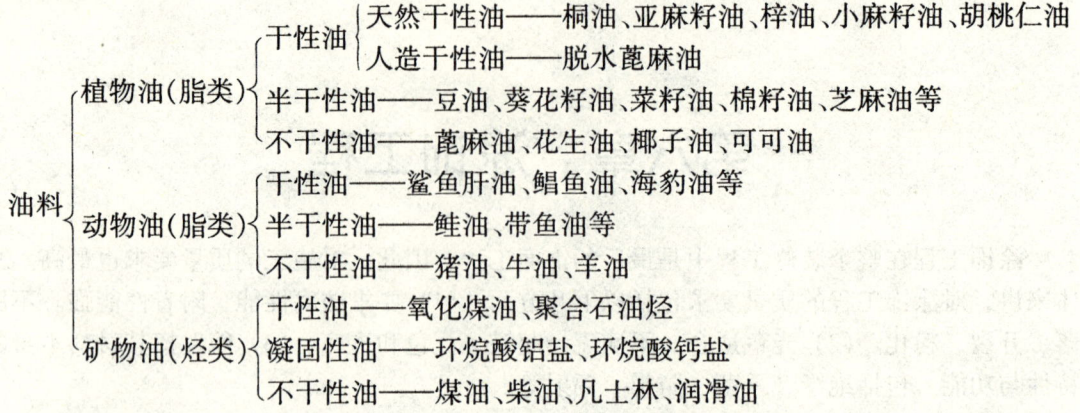

表6-1

类别	成膜时间	涂膜特点	来　源
干性油	7天以内	坚韧，弹性好，耐水，干后不溶化，几乎不溶于有机溶剂	亚麻籽油、桐油、梓油等
半干性油	7天以上	柔软，发粘，干燥后能重新软化及熔融，易溶于有机溶剂中	豆油、葵花籽油、棉籽油等
不干性油	在正常情况下不能自行干燥	不能直接用于制造涂料	蓖麻油、花生油、椰子油、可可油等

油性涂料的另一种主要成膜物质是树脂，主要分三类，即天然树脂、人造树脂和合成树脂。

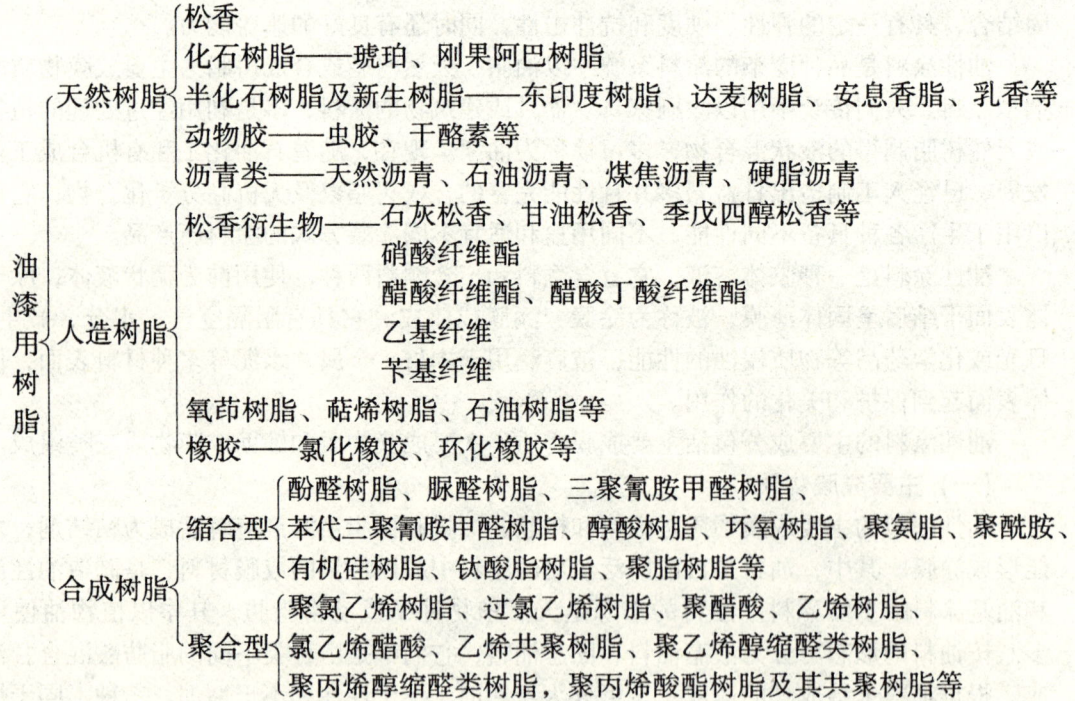

由于天然树脂来源有限，其采集成本不断上升，故在油漆涂料中目前主要采用人造树脂和合成树脂。特别是合成树脂，其性能较为优异，所以在涂料工业中使用最多。

树脂是有机高分子复杂化合物互相溶合而成的混合物，为固体或高粘度胶状体，不呈结晶状态，纯粹体多为透明状，受热能熔，多数可溶于有机溶剂中，但不溶于水。溶解后的树脂粘着性很强，涂饰于物体表面后即形成固体薄膜。在应用中，往往一种油漆涂料内会加入几种树脂或树脂与油料混合使用，所以，树脂之间或树脂与油料之间应有很好的相溶性。常用各种树脂的主要性能及使用情况见表6-2。

表6-2 常用各类树脂的特性及其应用

种类与名称			特 性	用 途
天然树脂		砧砣脂	化石树脂，主要来源于刚果，坚硬，色淡	作油性清漆
		马尼拉砧砣脂	化石树脂，主要来源于马尼拉，具有防渗透性	作路标涂料
		贝壳树脂	化石树脂，来源于新西兰，色淡，与油类化合良好	作油基性清漆
		达麦树脂	或称达玛树脂，系从马尼拉活树上流出来的树脂，柔韧性优良	作纤维素清漆和虫胶清漆
		紫胶	一种从寄生于树上的昆虫的排泄物中取得的树脂，可溶于酒精，具防渗透性	用以封闭木结构中的树脂及制作虫胶清漆
合成树脂	油改性醇酸树脂	干性油含量为60%	流动性好，光泽度高，韧性好，耐候，色淡，不耐碱	常温干燥的底漆，多种中间涂层，有光面漆、半光面漆及清漆
		凝胶或触变型结构	涂刷性好，凝胶力强，凝胶恢复率快，成厚膜，不滴落	用作触变型涂料
		含有非干性油	干燥缓慢或不干燥，色淡，柔软	纤维素液料中的增塑剂
	环氧树脂	双组分或低温固化型	附着力、防水性、耐化学性及耐磨性均好，涂膜甚为坚硬	作耐化学涂料，耐磨涂料及防水涂料
		单组分环氧脂（干性油改性型）	耐化学性能低于双组分	工厂用的维修涂料
	聚胺酯	双组分或低温固化型	漆膜坚硬，耐水性、耐化学性及耐磨性均好，但耐碱性逊于环氧树脂	用于耐化学性涂料及耐磨涂料
		单组分（干性油改性型）	漆膜坚硬、柔韧，其防水性优于醇酸树脂	用于有光面漆及木质材料的面涂清漆

续表 6-2

种类与名称		特性	用途
合成树脂	聚醋酸乙烯酯共聚物	颜色好,不泛黄,耐碱,附着力强,流动性、防水性、外部耐久性及可刷洗性好	用于作粘结剂、乳胶漆及砖石材料饰面涂料
	丙烯酸乳液	附着力强,水白色,不泛黄,耐碱,可刷洗性及外部耐久性优异	用于作乳胶漆、木质材料底漆、粘结剂、快干中间涂层及砖石材料饰面涂料
	酚醛树脂	防水性能优异,耐碱,但泛黄现象严重	作耐碱清漆、船用清漆、防腐蚀底漆
	香豆酮树脂	耐碱、酸值低,易泛黄	用于耐碱涂料及金属光泽涂料
	顺丁烯二酸丙三醇树脂	颜色极浅,光泽好,不泛黄,耐化学性较差	与醇酸树脂化合制作非泛黄涂料及浅色清漆
	脲醛树脂(双组分酸性催化)	颜色极浅,漆膜坚硬光亮,耐热,不泛黄	用于酒吧柜台及各种木质家具的透明清漆
	硅树脂	防水,耐热(可达 475℃)	透明防水溶液,耐热涂料
	聚乙烯醇缩丁醛树脂	附着力强	磷化底漆
人造树脂	油改性天然树脂(天然树脂和亚麻油或其他干性油)	光泽好,漆膜柔韧,遇碱皂化,防水性有限,老化时变黄	某些底漆,中间涂层,清漆,金胶
	油改性合成树脂(合成树脂和桐油或其他干性油)	防水,耐碱	耐碱、耐酸涂料,清漆,船用清漆
其他成膜物	沥青	颜色黑,防水好,耐酸碱,可渗透过油性或树脂涂料,受热变软,成本低	防潮混合物,沥青漆
	橡胶	防水性好,耐化学,柔韧,干燥快,流动性好	防化学涂料,防水涂料
	硝酸纤维素	干燥迅速,涂膜坚硬,耐化学,易变脆,刷涂困难	硝基涂料及清漆

（二）次要成膜物质

油性涂料的次要成膜物质是颜料。颜料本身并不能形成涂膜，但它能让涂料增加硬度、防锈力、填平性和着色性能，以及其他特定功能，如阻止紫外线穿透等。颜料按其来源可分为矿物质颜料和化工颜料；按其在油漆中所起的作用可分为如下三种颜料：

1. 着色颜料

着色颜料有红、橙、黄、绿、蓝、紫、白、灰、黑及金属光泽十种，其中黑、白、灰为无色颜料，其他为有色颜料。

2. 体质颜料

也称填充颜料，来源于天然矿物或工业副产品。它在油漆涂料中的主要作用是增加涂膜厚度和体质，使其更为坚硬并经久耐磨；还能改变涂层光泽，提高层间附着力；改善涂料的流动性、刷涂性及高密度颜料的悬浮性；以及充分利用剩余着色力和遮盖力以节约名贵颜料、降低油漆成本。体质颜料主要包括碱土金属类，如硫酸钡（重晶石粉）、碳酸钙（白垩、大白粉）、硫酸钙（石膏）；硅酸盐类，如滑石粉（硅酸镁）、磁土（瓷土、高岭土）、石棉粉、云母粉、石英粉、硅藻土；镁铝轻金属化合物，如碳酸镁、氢氧化铝等。

3. 防锈颜料

防锈颜料在油漆中的主要作用是抑制金属的腐蚀。这类颜料有化学防锈颜料和物理防锈颜料两种。化学防锈颜料不仅可以增强涂膜的封闭作用，防止腐蚀介质渗入，还能与金属发生化学反应，形成新的膜层，以保护被涂金属，如红丹粉、锌粉、锌铬黄等。物理防锈颜料是一种化学性能较为稳定的颜料，它借助于颜料颗粒本身构型的特点，填充涂膜结构的空隙，提高涂膜的致密度，降低可渗性，如球型的氧化铁红和片状的铝粉等。

（三）辅助成膜物质

油性涂料的辅助成膜物质本身不能形成涂膜，但对涂料的成膜过程影响很大或对涂膜的性能起着一定的辅助作用。辅助成膜物质包括溶剂和辅助材料两类。

溶剂是指能够溶解动物、植物油及树脂和纤维素衍生物等成膜物质的挥发性液体。它虽是油漆涂料中的一部分，但在干燥过程中会从涂膜中挥发掉。溶剂在油漆涂饰中的作用不仅是为施工方便用以降低涂料粘度，它对涂膜形成的质量亦有重要影响。正确使用溶剂，可以增强涂膜的光泽与致密性等物理性能。其主要作用是溶解油漆中的成膜物质，降低涂料粘度，以方便施工操作；增加物体表面的湿润性，使涂料能更好地渗入基层，进而提高涂膜的封闭性和附着力；加强涂料贮存的稳定性，防止发生凝胶，同时使容器中充满溶剂蒸气和减少涂料表面结皮；改善油漆涂膜的流平性，避免涂膜过厚、过薄及刷痕、起皱等弊病。

辅助材料也称助剂，种类繁多，用途各异，在涂料中用量较少，但对施工性能、储存性及涂膜质量均有明显作用。助剂的种类有：催干剂、增塑剂、防潮剂、固化剂、稀释剂、稳定剂、悬浮剂、防雷剂等，其中最常用的是催干剂、增塑剂、稀释剂和固化剂。

第二节　内墙涂料

内墙饰面常用的有机高分子涂料品种很多，性能全面。根据涂料分散介质的不同，有机高分子涂料品种可分为三类。

（一）溶剂型涂料

溶剂型涂料是以有机高分子合成树脂为主要成膜物质，以有机溶剂如脂肪烃、芬香烃、酯类等为分散介质（稀释剂），加入适当的颜料、填料（体型颜料）及辅助材料、经研磨而成。溶剂性涂料生产的涂膜细而坚韧，有一定耐水性。这种涂料的施工温度可低至零度。但这种涂料具有易燃、挥发后有损人体健康等缺点。

（二）水溶性涂料

水溶性涂料是以水溶性合成树脂为主要成膜物质，以水为稀释剂并加入适当颜料、填料及辅助材料，经研磨制成。

（三）乳液涂料——乳胶漆

乳胶漆的主要成分是松脂、颜料、液体和添加剂。松脂是起凝固涂料的作用，使乳胶漆具备附着力、灵活性、清洗性和适应气候的能力。松脂的质量越高，涂料在墙面上的这些能力就越强。颜料分为主颜料和次颜料，主颜料起遮盖作用，其中二氧化钛的质量和比例决定涂料的质量。质量好的乳胶漆只需涂一层即可。主颜料中的其他成分还有红氧化铁和黄氧化铁等起调色作用。次颜料决定涂料的流平性、光色泽、粘度和厚度。乳胶漆的液体成分是水质，主要是帮助稀释松脂和促进涂料的干透过程。水质乳胶漆用途较广，因为此种涂料是无毒、无味的。添加剂主要是增加乳胶漆的其他特性，如聚四氟乙烯起抗尘作用，云母起防裂作用，防霉剂具有防霉作用。适量的添加剂能使涂刷后的表面平整统一，且无刷子的痕迹。

第三节　涂料施工的辅助材料

用于涂饰工程的主要材料是胶料、腻子、着色材料、研磨材料和脱漆剂等，其中大部分材料及其应用技术并不仅仅是限于涂饰工程的施工，而是广泛地应用于装饰工程的其他工序中，如基层处理、缝隙嵌填、底色涂装、饰面抛光等等。

（一）胶料

胶料在装饰工程中应用广泛，除一般的粘结功能外，更常用于水浆涂饰或调制腻子，也用于封闭涂层。胶料品种繁多，近年来新型的各种粘结剂更是不断涌现，但在涂饰工程中，107胶和白乳胶比较常用。

聚乙烯醇缩甲醛胶常称107胶，是由聚乙烯醇缩甲醛、羧甲基纤维素和水组成，在装修工程中用途广泛，粘结性能好，施工方便，在涂饰工程中常用来调配大白浆和腻子。

聚醋酸乙烯乳液常称白胶，是现代装修工程中使用十分广泛的粘结材料，粘结性能好，用途广泛，使用方便，无毒副作用，在装修工程中常用于粘结接缝的绷带或调配腻子。

(二) 腻子

装修工程中的许多饰面工程中都要使用腻子。它对基层表面的坑槽、缝隙、孔眼等部位进行嵌批填充或全面覆盖、找平。腻子多是由大量的体质颜料与粘结剂、漆料、颜料、水或溶剂等组成。常用的体质颜料有碳酸钙（大白粉或称老粉）、硫酸钙（石膏粉）、硅酸钙（滑石粉）、硫酸锌钡（香晶石粉）等；粘结剂多采用熟桐油、清漆、合成树脂溶液、聚醋乙烯乳液、聚乙烯醇缩甲醛胶等。腻子对基层的附着力、强度及耐老化成度都会影响饰面的质量。而且腻子质量的好坏，往往会影响整个涂层的质量。腻子要根据基层底漆、面漆的性质配套选用。常用的腻子大部分为油性腻子、水性腻子及漆基腻子三类，其中水性腻子一般都是现场调制。

(三) 研磨与抛光材料

研磨材料在油漆及其他饰面工程中应用最普遍的是砂纸和砂布。其原理是利用砂纸、砂布上大量的磨料颗粒对被磨物体表面进行切削而使之平滑，以达到饰面涂层的预期质量和外观效果。磨料的颗粒的材质分天然和人造两类，天然的磨料有钢玉、浮石、石榴石、火遂石和矽藻土等；人造磨料有人造钢玉、玻璃及各种金属碳化物。广泛使用的木砂纸和砂布的代号按磨料的粒径划分，代号越大其磨粒越粗；水砂纸则相反，代号越小磨粒越粗。

抛光材料主要用于油漆液膜表面，使之平整光滑而增强装饰效果，同时对涂膜起到一定的保护作用。常用的抛光材料是砂蜡和上光蜡。砂蜡是由细度高、硬度小的磨粉与油脂蜡或胶结剂混合而成的浅灰色膏状物；上光蜡是溶解于松节油中的膏状物，主要有乳白色的汽车蜡和黄褐色的地板蜡两种。

(四) 脱漆剂

使用脱漆剂的目的是为了清除物料表面的旧油漆涂膜以进行新的涂装，其原理是利用强溶剂或其他化学溶液对涂膜的溶胀作用使旧涂膜软化后进行铲除。脱漆剂品种较多，主要有溶剂型脱漆剂和酸、碱溶液脱漆剂，另有二氯乙烷、四氯化碳组成的非燃性脱漆剂，十二烷基磺酸钠乳化脱漆剂及硅酸盐型脱漆剂等。

第四节 涂饰工程施工

(一) 基面处理

1. 清除

基层处理的质量直接影响表面涂层的附着力、使用寿命和装饰效果。由于基体材质的区别和涂饰要求的不同，其基层处理的方法、内容和要求也有所差异，但其大致方式和目的有三点：①用手工工具通过刷、扫、铲、刮等方法，清除基层表面的灰尘、锈蚀、旧涂膜等松散物质；②用动力设备和化学方法清除基层表面的油脂、树脂、胶粘剂等附着物和渗出物质；③通过化学侵蚀和喷砂等方法增加基层表面的粗糙度，从而提高油漆涂层的附着力。

(1) 手工清除：使用扁錾、铲刀、刮刀和金属刷具，对木质面、金属面、水泥抹灰层上的飞边、凸缘、毛刺、旧涂层及氧化铁皮等进行清理去除。操作时须注意不能对基层材料的平整表面造成损伤,如木质面在铲刮时应顺木纹方向斩刮,在与木纹呈垂直方向铲除时用力不可过大,避免出现凹痕。用金属刷作手工清除工具时,最好选用铜丝刷;采用钢丝刷清理金属基层时容易引出火花。

(2) 机械清除:机械清除具有效率高、清除能力强的特点,特别适用于牢固的锈迹和氧化铁皮等。在清理基层的同时,还能造成清除面深度适宜的糙面效果,对油漆涂层与基层的结合有好处。机械清除主要是采用除锈枪、动力钢丝刷、蒸汽剥除器等机械。

(3) 化学清除:当基层表面的油渍污垢、锈蚀和旧涂膜等较为牢固时,多采用化学清除的处理方法。此法方便简单见效快,对基层损伤少,常与打磨工序配合进行。化学清除常用的化学物品为松香水、汽油、磷酸三钠溶液、火碱溶液、磷酸溶液、盐酸溶液等。

2. 嵌批

基层经清除处理后,会显示出洞眼、凹槽、裂缝等,这时就要通过嵌批腻子的方法将基层表面填平。嵌批工序一般要在深刷底漆待其干后进行,以防止腻子中的添料被基层过多吸收而影响腻子的附着力。为了避免腻子出现开裂和脱落,特别是对于快干腻子,不应过多地往返批刮,否则易出现卷皮脱落或将腻子中的漆料挤出封住表面而难以干燥。应根据基层、面漆及涂层材料的特点选择腻子,注意其配套性,以保持整个涂层物理与化学性能的一致。嵌批腻子的操作方法见表6-3。不同基层上各类油漆层对腻子的选用及嵌批方法见表6-4。

表6-3 嵌批腻子的操作方法

类 型	目 的	操 作 方 法	嵌批工具
嵌(补)	用嵌补工具将腻子填补基层表面的孔眼、裂缝、凹坑等缺陷,使其密实平整	嵌补时要用力将工具上的腻子压进缺陷内,要填满、填实,将四周的腻子收刮干净,使腻子的痕迹尽量减少。对较大的洞眼、裂缝和缺损,可在拌好的腻子中加入少量的填充料重新拌匀,提高腻子的硬度后再嵌补。嵌腻子一般以三道为准。为防止腻子干燥收缩形成凹陷,还要复嵌,嵌补的腻子应比物面略高一些。嵌补用腻子一般要比批刮用腻子硬一些	嵌刀、牛角腻板、椴木腻板
批(刮)	为使被涂物面形成平整、连续的涂刷表面	批刮腻子要从上至下、从左至右,先平面后棱角,以高处为准,一次刮下。手要用力向下按腻板,倾斜角度为60°~80°,用力要均匀,这样可使腻子饱满又结实。清水显木纹要顺木纹批刮,收刮腻子时只准一两个来回,不能多刮,防止腻子起卷或将腻子内部的漆料挤出而封住表面不易干燥。头道腻子的批刮主要把握与基层的结合,要刮实;第二道腻子要刮平,不得有气泡;最后一道腻子是要刮光及填平麻眼,为打磨工序创造有利条件	牛角腻板、椴木腻板、橡皮腻板、钢板腻板

表 6-4 不同材料基层上各类涂层的腻子嵌批操作

基层材质	涂层类型	腻子选配及嵌批操作
木质材料面	清油、铅油、调合漆涂层	选用油性石膏腻子,在清油干燥后进行嵌批。对较平整表面用铲刀、牛角腻板批刮;对形状复杂的表面可用橡胶腻板批刮。配制好的腻子宜2h内用完,如需存放,须用纸包好存于水中,再使用时可略加熟桐油、石膏粉拌和
	清油、油色、清漆面涂层	选用加色的油性石膏腻子,颜色要与清油颜色接近。嵌批腻子要待清油干燥后进行,孔眼多的木材表面须满刮腻子
	润粉、漆片、硝基清漆面涂层	选用漆片大白粉腻子,地板、室外及门窗木质基层需在润油粉后嵌补。表面平整时可在刷涂2~3道虫胶漆片后用漆片大白粉腻子嵌补,表面有凹坑时可用加色油性石膏腻子嵌补(颜色应与油粉相同)。如若润水粉,可用加色莱胶腻子嵌补。室内木门或家具可在润粉之前用漆片大白腻子嵌补,注意填满补实略高出基层表面
	清油、油色、漆片、清漆面涂层	选用石膏油腻子,在清油干后嵌批。腻子内同样要加色。采用嵌补还是满批要根据材面情况决定,对表面比较光洁的红、白松类采用嵌补即可,对缺陷较多的杂木类一般要满批。批刮时一定要收刮干净
	水色、清油、清漆面涂层	选用加色的石膏油腻子,在清油干后嵌批。先批刮,批刮时为使木纹清晰一定要收刮干净。批刮的腻子干后再嵌补洞眼凹陷,不限次数直至物面平整
	润油粉、醇酸清漆、丙烯酸木器清漆面涂层	选用加色石膏油腻子,在润完油粉后嵌批。在调好的腻子中加入适量石膏粉调成硬腻子,先嵌补洞眼和缺陷,然后满批腻子。一般须满批两遍
	润油粉、聚胺酯清漆底,聚氨酯清漆面涂层	选用聚氨酯清漆腻子,腻子颜色要调成与物面相同。在润完油粉后嵌批。这种腻子干燥快,为避免发毛、卷皮,嵌批时动作要快,不能多刮,只能一个来回
	清油、油色、清漆面涂层(木地板油漆)	选用石膏油腻子。先将裂缝和较大的缺陷处用硬石膏油腻子嵌补。将嵌补的腻子打磨,清扫后再进行批刮。批刮用的腻子,用水量要少,油量要增加20%。批刮时将腻子在地板上倒成条状,用3″以上的大腻板双手批刮,并随时收净腻子。嵌批高低拼缝处要用硬腻子,一般要批刮两遍。第二遍在第一遍干后,嵌补完毕后进行
	润油粉、漆片、打蜡涂层(木地板油漆)	选用石膏油腻子。嵌补腻子要在润粉、刷二道漆片后进行。嵌补腻子的颜色要和漆片颜色一样,嵌疤要小,一般不满批腻子

续表 6-4

木质材料面	油漆底广漆面涂层	选用加色石膏油腻子，油色干后嵌批。松木要把缺点、损坏处嵌补完整，有棕眼的硬木要满批腻子。
	豆腐底、两道广漆面涂层	选用加色漆腻子或石膏油腻子。豆腐底干后嵌批（豆腐腻子的传统自配水性腻子之一，采用豆腐加填料如瓦灰、香灰、荞面、烟子灰或大白粉、滑石粉等，再加胶料如桐油、油性油漆和水等）
	两道生漆底，推光漆面涂层	选用生漆石膏腻子嵌批。先将裂缝损坏处嵌补平整，经打磨、清扫、复嵌后满批两遍腻子。批刮时要略薄，均匀，无残留腻子
金属材料面	防锈漆、调和漆涂层	选用石膏油腻子。防锈漆干后嵌补。面积较大时，为增加腻子干性应在腻子中加入适量厚漆或红丹粉
	喷漆涂层	常使用石膏腻子和硝基腻子。由石膏粉、白厚漆、熟桐油、松香水及适量水和液体、催干剂组成。为避免出现龟裂和起泡，必须在底漆或上道腻子干后嵌批，底漆光度较大时可用砂纸去光。头道腻子批刮后表面应呈粗糙颗粒状，以便加速腻子内水、油的蒸发，易于干燥。二、三道腻子要比头道腻子稀一些。硝基腻子干燥快，批刮动作要快，一般最多不要超过两下，厚度不要超过1 mm。第二遍腻子要在头遍腻子干燥 30～60 min后方可批刮。硝基腻子干燥后比较坚硬，不易打磨。为减少工作量要尽可能批刮得平坦光滑
抹灰面	油脂、油基醇酸无光漆或调和漆涂层	宜用血料腻子。如若采用菜胶腻子或大白纤维素腻子应分别多加皮胶或乳液，以增强粘结力。一般需批刮两遍，头遍腻子不宜用砂纸打磨（防止损坏表面的胶质结膜而影响第二遍腻子的粘附），可用钢板腻板横刮平整。抹灰面多孔隙，注意纵横各批一遍

3. 打磨

打磨对于油漆层的平滑美观、附着力及被涂物料的棱角、线条和木材的木纹清晰等都有影响。打磨可采用手工打磨和机械打磨两种方式，一般来讲手工打磨比较适合于比较细致的工序。打磨分干磨与湿磨两种。干磨是采用木砂纸、铁砂布和浮石等直接对物体表面进行研磨。湿磨是由于卫生防护的需要以及为防止打磨时漆膜受热变软使漆尘粘附于磨粒间而损害研磨质量时，用水砂纸或浮石蘸水或润滑剂进行研磨。对于木材表面不易磨除的硬刺、木丝和木毛等，应采用稀虫胶漆进行涂刷、待干后再进行打磨的方法。木材在粗磨时，打磨可与其木纹成一定角度，细磨则一定要顺木纹打磨。

在打磨的工序中，根据不同要求和研磨目的，可分为三个程序。

(1) 基层打磨：要采用干磨的方式，用 $1\sim1\frac{1}{2}$ 号砂纸的边角砂磨，去其锐角以利涂料的粘附。

(2) 层间打磨：可用干磨或湿磨两种方式，用 0 号砂纸、1 号旧砂纸或 280～320 号水砂纸。木质面上的涂层应顺木纹方向打磨。遇有凹凸线角部位可适当运用直磨、横磨交叉进行的方法轻轻研磨。

（3）面漆打磨：一般采用湿磨方法，用400号以上水砂纸蘸清水或肥皂水打磨，磨至从正面看过去时暗光，但从水平侧面看过去是同镜面一样时为止。此工序仅适用硬质涂层，打磨边缘、棱角、曲面时不可使用垫块，要轻磨并随时查看，以免磨透、磨过。

（二）调配

调配是指在施工现场根据设计要求和样板情况，将油漆的原材料合理配制出各工序所需的材料。

1. 色漆的调配

成品色漆的各类颜色在涂饰施工中往往不能满足设计的要求，因为成品色漆一般颜色纯度较高，过于鲜艳刺激，而在实际工程中很少采用纯度很高的颜色，大部分彩色油漆的成品都要按设计要求进行混合调配。色漆调配要注意以下原则：

（1）参与调色的色漆的基漆相同或能混溶，否则混合后会引起色料上浮、沉淀或树脂分离与析出等。比如硝基漆和油基漆，醇酸漆与过氯乙烯漆都不可混合配色。

（2）选定基本色素后，应选试配小样，将其与样品色或标准色卡对比，以求配色准确，更要注意干燥后的色彩变化。

（3）配色时，配色漆应逐渐加入主色漆中，边加边搅拌，力求配色漆不加过量。

（4）调配浅漆时若用催干剂，应在配色前加入，以免影响调配后的色彩效果。

2. 透明涂饰的配色

木质材料本色的透明涂饰配色，一般以水色为主，水色常由酸、碱性染料等混合配制。染料对木质具有优良的着色力、附着力，并具有持久性好、透明度高、色彩明丽等特点。常用的底色有水粉底色、油粉底色、水底色等。木质面显木纹透明涂饰的着色分两个步骤，首先是嵌批填孔材料，填孔料不仅可以填平木质面孔隙，同时也起着封闭基层和着色的作用。调配时要根据木材管孔的特点及温度情况灵活掌握好水或油与体质颜料的比例，使稠度合适。然后，再采用水色或油色对木质材料表面进行染色，便可获得预计的质地与色彩效果。

配制水色最好选用配性染料。配性染料色彩、品种齐全，颜色纯正，易溶于水，透明度高，尤其是酸性染料适宜互相调合而不影响涂饰的质量，配制时须注意，酸性染料与碱性染料不能混合。配染料的水要洁净，水太硬要将其煮沸。若采用氧化铁红、氧化铁黄等非透明的颜料做水色时，要先用开水将颜料浸泡至全部溶解后再与其他颜料溶液配合；由于此类颜料涂刷后会在表面留下粉层，故调配好色浆后还需加入适量的皮胶或猪血料水并经过滤后才可使用。当采用透明性好的染料做水色时，宜先用开水将染料浸泡，然后稍加煮热使其充分溶解冷却后过滤使用，以保证涂饰后色泽细腻均匀。

酒色和油色是由碱性染料或着色颜料与虫胶清漆配制，也可采用稀释的硝基清漆或聚氨酯清漆加入染料配制。酒色的作用主要是涂层着色或着色调整，介于铅油和清油之间，既可使木纹显露，又可使漆膜着色使木质面色彩统一。之所以称其为酒色是因为虫胶清漆是由虫胶片溶解于酒精中而成的。油色的调配关键是掌握好着色铅油的用量，可根据色彩的组合，先在主色铅油中加少量稀释剂充分拌合，然后再将配色铅油逐渐加入调拌，使之达到所需的色彩。

（三）涂饰

在装修工程中大致包括五种涂饰方式，其中包括刷涂、喷涂、弹涂、滚涂和擦涂等。除木质材料或金属材料表面的某些细部装饰，大多是采用喷涂，其中主要原因是工效高，特别是大面积油漆涂饰工程，往往更具优越性，其工作效率比手工刷涂提高十倍，尤其是硝基漆和过氯乙烯漆等并不适合采用刷涂的方法。这类油漆及其他挥发性涂料唯有使用机械喷涂时，才能获得高质量的涂膜。

1. 刷涂

油漆的刷涂主要分为三种工艺，这三种作法均是体现手工操作的技巧。第一种称蘸油，先将刷毛浸入稀料中浸泡，然后甩掉刷毛上多余稀料即入油蘸漆，入油的深度不宜超过刷毛的一半长度，以避免造成刷毛根部油漆堆积，然后将刷头两面在容器内壁各拍打一下，使油漆进入刷毛端内并防止油漆滴坠，并稍作捻转即迅速横提至涂刷面施工。第二种为摊油，就是将刷具上的油漆铺于涂刷面，着力适中，由摊油段的上半部向上走刷，耗用油刷背面的漆料；而后再由上向下走刷，刷掉油刷正面的漆料。在完成一部分面积的摊油之后，用没蘸过油漆的刷子将摊好的油漆向横向和斜向荡刷均匀。第三种为理油，用油刷顶部将上述摊油轻刷，上下理顺，注意走刷平稳，用力均匀，油刷与物面垂直，每刷即将结束时要在运行间把刷子逐渐提起而留下茬口。在木质面理油应顺木纹方向操作，由上向下。对于粘度大、挥发快、固体含量低并特别容易溶解底层涂层的硝基漆，应注意不得摊油，而是应该迅速涂刷，一气呵成。当感觉漆多发滑时，须尽快将漆料涂开，否则油漆堆积会溶解底层涂膜；每道不得过厚并同时注意选用吸油量大和着力较轻的排笔、羊毛板刷等软毛刷具。

2. 喷涂

油漆喷涂前要搅拌均匀并用120目铜筛或200目细丝绢过滤。油漆涂料一般要加稀释剂调稀，要加约为漆的重量的10%。喷涂主要有空气喷涂、高压无气喷涂。

空气喷涂应用比较广泛。用于喷涂的空气压缩机是利用压缩空气在喷嘴处形成负压，将油漆涂料从贮漆罐中带出，再用压缩空气将油漆涂料吹成雾状，喷在被涂物面上，也有直接靠压缩空气的力量将涂料吹出的。压力控制在 0.5～0.8 MPa，排气量在 0.6 m³，根据气压、喷嘴直径、涂料稠度，调整喷斗的气节门，以将涂料喷成雾状为准。这类喷涂设备简单，容易掌握，维修也方便。不足之处是油漆涂料在喷涂前必须稀释，在施工中有相当一部分涂料扩散到空气中而被损失掉；成膜较薄，需反复喷多遍才能达到一定的厚度；喷涂的渗透性和附着性，大都较刷涂差；喷涂时扩散到空气中的漆料和溶剂对人体有害，在通风不良的工地喷涂施工，漆雾易引起火灾，当溶剂的蒸气在空气中达到足够浓度时，甚至会有引起爆炸的可能。

高压无空气喷涂是一种发展前景很好的喷涂方法。它和普通的空气喷涂不同，它利用 0.4～0.6 MPa 的压缩空气作动力，带动高压泵将涂料吸入，待加压到 15 MPa 左右，涂料通过一个特制的喷嘴小孔喷出。当过高压的涂料离开喷嘴到达大气中时，会立刻剧烈膨胀，雾化为极细的扇形气流喷到物面上。这种喷涂与普通的空气喷涂相比有较明显的优点，如效率比普通的喷涂高出两倍左右，喷涂过程中涂料损失少，漆雾小，改善了劳动条件，提高了安全性；设备较小巧，运搬方便；涂膜厚，质量高，光洁度好，附着力强，覆盖率高；可喷较高粘度的油漆液料，从而节省了稀释剂。

喷枪喷嘴口径大小和空气压力高低，须与喷涂面积、油漆种类和粘度相适宜。小口径喷嘴和较低的空气压力，适宜喷小面积和低粘度的油漆；大口径的喷嘴和较高的空气压力，适宜喷涂大面积粘度高的油漆。在不影响施工和涂膜质量的前提下，应尽量选用较低的空气压力、较小喷嘴口径和粘度高的涂料。喷枪与被喷物面的距离一般为15~30 cm。涂料粘度高时，距离宜近，否则涂料溶剂会在中途大量挥发，造成油漆涂膜粗糙疏松而无光泽；涂料粘度低时，喷枪与物面距离可适当放远，否则易发生冲撞与流淌现象。喷枪移动时须直线移动，不可作弧形移动，喷嘴与物面应始终保持垂直；喷枪移动速度要稳。

3. 滚涂

涂料滚涂操作主要采用的工具是多种类型、规格的滚筒。除普通形状的滚筒之外，还有各种异形滚筒专用于涂装特殊形状的物面，如用作涂墙角的铁饼形滚筒，滚涂管形面的曲形滚筒等。其筒套绒毛材料有合成纤维、马海毛和羊羔毛等。绒毛长度一般有4.5~40 mm不同规格，以适应不同涂料的滚涂操作。比如5~9 mm长度绒毛滚筒较适宜滚涂光滑面上的磁漆或无光油漆；10~19 mm长度绒毛滚筒较适宜滚涂无光墙面和顶棚的磁漆和无光漆；20~30 mm绒毛长度的滚筒较适宜滚涂粗糙面或铁网等特殊部位的磁漆或无光漆饰面。在蘸取油漆时，只需浸入容器的1/3即可，而后在托盘内的瓦楞斜板或提筒内的铁网上滚动几下使筒套浸透即可施涂。应有顺序地朝一个地方滚涂。有光或半光涂料的最后一遍涂层，应使用滚筒理一遍，顺木纹或朝强光照方向滚理。

4. 擦涂

擦涂是传统油漆技术中的一种特殊方法。它是采用各种软质材料或专制漆擦蘸上油漆后，以精巧的技艺进行擦涂的油漆涂饰做法。用于擦涂操作的软质材料，多是选用竹丝、棉团和软布等，主要是涂擦填孔材料，如硝基漆、虫胶漆，及擦色、擦蜡等，特别适用于木质面的油漆涂饰。漆擦多以泡沫橡胶、马海毛、尼龙纤维及羊皮制作，有方型和手套型，其配套的油漆容器为浅盘状，内装滚筒，漆擦蘸取油漆涂料时可在滚筒滚动中粘附。漆擦的擦涂主要是用于装饰细部油漆。

第七章　裱糊工程

裱糊工程与涂饰工程一样属于最后的面饰工程，因此施工的质量也就显得十分重要。裱糊饰面主要是指各种墙面或顶面的壁纸饰面。

第一节　壁纸的种类及特征

壁纸具有色泽丰富、图案变化多样、美观耐用、施工方便等特点。壁纸原本是一种传统的装饰材料。传统的壁纸主要是以纸面纸基壁纸和纺织物壁纸为主，本世纪60年代后，由于现代化学工业的兴起，塑料壁纸逐渐成为壁纸家族的主角。目前在室内装修工程中，塑料壁纸既可裱糊在木基面上，也可裱糊在石膏板和水泥面的墙面和顶面上。

（一）纸面纸基壁纸

纸面纸基壁纸是在纸张上面印花和花纹图案，其中有几何图案、花草图案、仿木纹图案、仿石材图案等装饰性花纹。这种壁纸是在传统的纸面材料上印制花纹的。其特点是透气性好，价格便宜。但这种壁纸容易破裂，裱糊难度较大，且耐水性差，一经污染无法清洗，所以在现代装修工程中已很少用了。不过用木纹纸外再喷漆的方法用来做家俱的饰面，效果还不错，这种方法有木饰面板的效果，造价低廉。

（二）纺织物壁纸

纺织物壁纸也属于传统的壁纸。它是采用天然的织物，如丝、棉、麻等制成的。这种壁纸装饰效果好，质地高雅，但造价偏高，耐污染程度差，不易清洗，裱糊难度也较高，质软而易变形，故除一些较高档的宾馆采用外，现在一般也较少使用。

（三）金属壁纸

金属壁纸是在基材上涂布金属膜制成的一种壁纸。它具有金属材料的反光感与光泽，能营造出一种高贵华丽、金碧辉煌的感觉，故比较适合用在气氛热烈的场所。金属壁纸还具有耐湿、耐晒、可擦洗等优点。金属壁纸必须裱糊在胶合板上。

（四）塑料壁纸

塑料壁纸是目前应用最广泛的壁纸。普通塑料壁纸是以优质木浆纸为基材，PVC树脂为涂层，经压合印花或发泡处理制成。高档塑料壁纸以布为基材，以聚乙烯涂膜为面层，经压合印花或发泡等工序制成。

塑料壁纸表面柔韧耐磨，可擦可洗，耐酸碱，有一定的抗拉强度、耐湿度和耐裂性及伸缩性，并有吸声隔热的性能。它还具有图案立体感强、色泽柔合、不反光的特点，以及色彩丰富、图案品种多样、装饰质感强的优点。

塑料壁纸的用途广泛，适用于宾馆、酒店、办公室、会议室及家庭的吊顶和墙面等部位的表面装饰。

第二节 裱糊用胶及常用工具

一、壁纸裱糊常用胶粘剂

（一）裱糊纸面纸基壁纸的胶粘剂

1. 面粉加明矾 10% 或甲醛 0.2%。
2. 面粉加酚 0.02% 或硼酸 0.2%。
3. 107 胶:羧甲基纤维素（4%水溶液）=7.5:1。

（二）裱糊塑料壁纸的胶粘剂

裱糊塑料壁纸的胶粘剂可采用聚醋酸乙烯乳液和聚乙烯醇缩甲醛胶，也称 107 胶。107 胶价格便宜，性能也不错，所以使用较多。据测试，107 胶用于裱糊壁纸有以下三点技术性能。

1. 粘法与耐老化

用 107 胶将壁纸的纸基与水泥沙浆墙面粘结，粘结强度为 $9.5\ kg/cm^2$。将试件经过 28 h 的人工老化循环后再测定其粘结强度，结果表明纸的强度有所下降，而胶的粘结强度大于纸本身，即当试件受压时，纸被拉断而粘结处未被破坏。

2. 耐潮湿和耐碱性

用 107 胶将壁纸贴在用 10 cm 厚加气混凝土板制成的 $40\ cm^2$ 见方的小水槽上，待胶干后，在槽内注水，水通过槽壁溶解加气混凝土板中所含的游离盐、碱，并一起向外渗透。3 个月后，壁纸表面析出盐的结晶，部分因水渍而变色；有的腻子层从加气混凝土面上脱开；而 107 胶的粘结面没有开胶、起鼓和脱落现象。

3. 防霉性

用一个立方体砂浆试块，三个面用 107 胶贴壁纸，另三个面只刷 107 胶，置于腐蚀菌培养箱内。8 天后，三个涂胶的面上没有菌体，而贴了壁纸的三个面上已长满了黑色菌体，说明 107 胶因含有甲醛成分而具有一定防止菌体滋生的能力。

（三）其他胶粘材料

目前市场上的许多壁纸都配有专用的裱糊粘结材料，其中有胶浆或墙纸粉。用墙纸粉调成的胶浆，一般涂于壁纸背面，而不涂在墙上。墙纸粉与水的比例有 1:15、1:20、1:40 三种，分别用于裱糊塑料薄膜壁纸、厚壁纸和经过预处理的墙纸。使用前，墙纸粉先溶于水中，搅拌 1~2 分钟，应边加粉边搅拌，否则容易结块。静置 25 min 后，再彻底搅拌一次，呈糊状即可使用。此外还有 801 胶、SC8104 胶等，均可用于塑料壁纸的裱糊工程。胶粘剂应按壁纸的品种选配，并应具有防霉、耐久等性能。如有防火要求时，其粘胶剂应具有高温不起层的性能。

二、裱糊工程的常用工具

裱糊工程中的主要工具有活动裁纸刀、薄钢片（也可用有机玻璃或塑料板制做）刮板、橡胶刮板、胶滚及金属滚筒、铝合金直尺、钢抹子、油灰刀、剪刀、2m直尺、水平尺、钢卷尺、板刷、排笔、裁纸案台、小台秤、软布、毛巾、注射器。

第三节 基层处理

裱糊壁纸的基层，要求坚实牢固，表面平整光洁，不疏松起皮、掉粉，无砂粒、孔洞、麻点和飞刺，否则很难保证壁纸平整。另外，墙面应基本干燥，不潮湿发霉，含水率低于5%。经防潮处理后的墙面，可减少壁纸发霉现象和受潮起泡脱落现象。基层质量的好坏，直接决定壁纸裱糊的最后效果。

(一) 底灰腻子

底灰腻子用来修补填平基层表面的麻点、接缝、钉孔、凹坑等部位。调配腻子的配比可参见下面几种配比。

1. 乳胶腻子

(1) 白乳胶:石膏粉:甲基纤维素（2%溶液）＝10:6:0.6。
(2) 白乳胶:滑石粉:甲基纤维素（2%溶液）＝1:10:2.5。

2. 油性腻子

(1) 石膏粉:熟桐油:清漆（酚醛）＝10:1:2。
(2) 老粉:熟桐油:松节油＝10:2:1。

(二) 混凝土及抹灰基层处理

裱糊壁纸的基层是混凝土墙、抹灰面（如水泥砂浆、水泥混合浆、石灰砂浆等），要满刮一遍腻子，然后用砂纸打平。若混凝土面、抹灰面有气孔、麻点或凹凸不平，为保证质量，应增加刮腻子的遍数和打磨砂纸的遍数。

在刮抹腻子前，应将混凝土或抹灰墙面清扫干净，然后用橡皮刮子满刮一遍。刮时要有规律，要一板排一板，并在两板中间顺一板。既要刮严，又不得有明显接痕和凸凹。要做到凸处薄刮，凹处厚刮，大面积找平。待腻子完全干透后，用磨纸打磨平整。需要增加满刮腻子遍数的基层表面，应先将表面裂缝及凹面部分刮平，然后打磨砂纸、扫净，再满刮一遍后，再打磨砂纸。处理好的底层应该平整光滑，阴阳角线通畅、顺直，无裂痕、崩角，无砂眼、麻点。特别是阴阳角、窗台下、暖气包、管道后与踢脚板连接处的处理，都要认真检查修整。

(三) 木质基层的处理

木质基层的处理要求接缝处不显接槎，接缝、钉眼应用腻子补平并刮油性腻子一遍，然后用砂纸打平。胶合板的不平整主要是钉接造成的，在钉接处胶合板往往下凹，非钉接处向外凸，所以第一遍满刮腻子主要是找平大面，第二遍可用石膏腻子找平。腻子的厚度应减薄，可在该腻子未完全干透时，用塑料刮板有规律地压光，最后用干净的软布将表面的灰粒擦干净。

(四) 石膏板基层处理

纸面石膏板比较平整，批抹腻子主要是在对缝处和螺钉孔位处。对缝批抹腻子后，还需要用棉纸带贴缝，以防止对缝处的开裂。在纸面石膏板上，应用腻子满刮一遍，找平大面，然后用第二遍腻子进行修整。

（五）旧墙基层处理

旧墙基层处理裱糊壁纸时，要求对凹凸不平的墙面修补平整，然后用刮刀清整墙面的浮松油污、砂浆粗粒等。对修补过的接缝、麻点等，应用腻子分1~2次刮平，再根据墙面平整光滑的程度决定是否再满刮腻子。对于泛碱部位，宜用9%稀醋酸中和、清洗。表面有油污的，可用碱水（1:10）刷洗。对于脱灰、孔洞处，须用聚合物水泥砂浆修补。对于附着牢固、表面平整的旧溶剂型涂料墙面，应进行打麻处理。

无论是新墙基层或是旧墙基层，最基本的要求是平整、洁净，有足够的强度并适宜与墙纸牢固粘贴。必须清除所有的污渍、飞刺、麻点和砂粒，以防止裱糊面层出现凸泡与脱胶等质量弊病。同时要避免基层颜色不一致，否则将影响易透底壁纸粘贴后的装饰效果。

（六）基层含水率的控制

质量比较好的壁纸，都有较好的透气性，一般可以在已经干燥但尚未干透的基层上施工。但基层也不能过于潮湿，以免抹灰层的碱性和水分使墙纸变色、起泡、开胶等。按一般的气温条件，抹灰层的龄期应至少在3天以上，即抹灰表面返白、含水率低于8%时才可进行壁纸裱糊施工。基层或基体为木材制品者，其含水率不得大于12%。对于湿度较大的房间或经常潮湿的墙体表面作裱糊，应采用具备防水性能的墙纸种类及适宜的粘结材料。

（七）涂刷封闭层

经检查合格的裱糊基，应涂刷一道底胶，作为对基体表面的封闭。这样做的优点是可以防止墙身吸水太快使粘结剂过早脱水而影响墙纸与基层的牢固粘贴。还可以促使基层吸水速度一致，即能克服由于吸水速度不同造成裱糊面干湿不均的现象。底胶所用的配料要根据装饰部位及等级和环境情况而择定。一般是刷1:（0.5~1）的107胶水溶液作封闭层。但对于空气湿度较大的地区，比较理想的材料是酚醛清漆或光油，这样做不仅利于裱糊墙纸，同时也使墙面增强抗潮湿的功能，能够起到一定的阻止基底返潮作用。其配合比介绍如下。

1. 底油配比

酚醛清漆或光油:松节油＝1:3。

2. 底胶配比

聚乙烯醇缩甲醋胶（107胶）:水:甲醛纤维素＝1:1:0.2。

3. 底涂料配比

乳胶漆涂料用水稀释，乳胶漆:水＝1:5。

第四节 各种塑料壁纸的裱糊

（一）弹线

在壁纸裱糊前，先要在墙基面上弹出水平线及垂直线，其目的是使壁纸粘贴后的花纹、图案、线条纵横连贯，故而在底油或底胶干燥后弹出水平、垂直线，作为操作时的依据。遇到门窗等大洞口时，一般以立边分划为宜，便于摺角贴立边。其操作方法如下：

1. 按壁纸的标准宽度找规矩，每个墙面的第一条纸都要弹线找直，作为裱糊时的准线，而将调整用的裁切边安排在墙的阴角处。

2. 在第一条壁纸位置的墙顶处敲进一枚墙钉，将有粉锤线系上，铅锤下吊到踢脚线上边。锤线静止后，一只手握紧锤头，按锤线的位置用铅笔在墙面划一条短线，再松开锤线，看是否与铅笔短线重合。如果重合，就用一只手将锤线按在铅笔短线上，另一只手把锤线往外拉，放手后使其弹回，便可弹出墙面的基准垂线。每个墙面的第一条垂线，应设定在离墙角距离小于壁幅宽的位置。

（二）测量与剪裁壁纸

先量出墙顶到墙脚的高度，两端各留出约 50 mm 以备剪裁，然后剪出第一段壁纸。有图案的壁纸，尤其是主题图形较大的，应将图形自墙的上部开始对花。并需根据弹线找规矩的实际尺寸统筹规划裁纸，并编上号，以便按顺序粘贴。裁纸切割前要认真检查尺寸是否正确。尺子压紧壁纸后不能移动，刀刃要紧贴尺边，一气呵成。中间不得停顿或变换持刀角度。

（三）润纸

塑料壁纸在裱糊前要进行润水处理。壁纸润水后会膨胀，干后会自行收缩。自由胀缩的壁纸，其幅度方向的膨胀为 0.5%～1.2%，收缩率为 0.2%～0.8%，收缩值为 1～4 mm，掌握这个特性可保证塑料壁纸的裱糊质量。壁纸在水中浸泡 10 min 后，把多余的水抖掉，再静置约 15 min，然后再刷胶裱糊。这样纸能充分胀开，粘贴在基层表面上后，纸基壁纸随着水分的蒸发而收缩、绷紧。

（四）涂胶

塑料壁纸的纸基背面与墙面都要涂胶，胶的涂刷要均匀。粘结剂调制后要用 400 孔/cm^2 的筛网过滤，清除胶中的疙瘩和杂物。调制后的胶液应在当日用完，隔日的胶液会影响装裱质量。基层表面的刷胶宽度要比壁纸的宽度宽出约 3 cm。涂刷要均匀，不能太厚，以防溢出；但也不可刷得过薄，以防壁纸粘不牢。一般抹灰墙面用胶量为 0.15 kg/m^2 左右，纸背面为 0.12 kg/m^2 左右。壁纸背面刷胶后，可将胶面与胶面反复对叠，以免胶干得过快；也便于上墙，并使裱糊的墙面整洁平整。

对于有背胶的壁纸，在购买时都配有一个水槽，用槽装水将裁好的壁纸浸入其中，由底部开始，图案面向外卷成一卷，过 2 min 便可上墙裱糊。若有必要，也可在其背胶面刷涂一道均匀稀薄的胶粘剂，以保证粘贴质量。

（五）裱糊塑料壁纸

裱糊时分幅顺序一般为从垂直线起，墙面阴角收口处止，由上而下，先对花纹拼缝，再用刮板用力抹压平整。先细部后大面。

裱贴时剪刀和长刷可放在围裙袋中或手边。先将上过胶的壁纸下半截向上折一半，握住顶端的柄角，在四脚梯或凳上站稳后，展开上半截，凑近墙壁，使边缘靠着垂线成一直线，轻轻压平，由中间向外用刷将上半部分敷平，在壁纸顶端作出记号，然后用剪刀或裁纸刀将多余部分割掉。再用同样方法处理下半部分，修齐踢脚板与墙壁间的角落。用海棉擦掉沾在踢脚板上的胶水。壁纸基本贴平后，再用胶皮刮板或有机玻璃片由上而下，由中间向两边抹刮，使壁纸平整贴实。

对于无花纹的壁纸，纸幅间可拼缝重叠 20 mm，并用直钢尺在接缝上从上而下用锋利的壁纸刀在壁纸重叠部分的中间割开。切割要用直尺靠紧，用力要适中，以能把两层壁纸割断为准，而且用力要均匀，要避免重割。有图案的壁纸，则要在两幅壁纸图案重叠对正后，在重叠处拍实，从壁纸搭口处自上而下切割，除去切下的纸条后，再用橡皮刮板刮平。

壁纸在裱糊时要注意，纸与纸之间的搭缝处不能设在阳角处，壁纸绕过墙角的宽度不能大于12 mm，否则会出现不平整的摺痕。阴角壁纸搭缝时，应先裱糊压在里面的转角壁纸，再粘贴非转角的正常壁纸。搭接面要根据阴角垂直度而定。搭接宽度一般不小2～3 mm，并且要保持垂直，无毛边现象。

在裱糊前要先将墙上的开关、插座找到。操作时将壁纸轻轻糊在电灯开关或插座上面，找到中心点，从中心开始切割十字，一直切到墙体边。然后用手按出开关的轮廓位置，用刀割去多余的壁纸，再用橡皮刮子刮平，并擦净多余的胶液。

壁纸粘贴后，如发现有空鼓、气泡，可用针刺放气，再用注射器挤进粘结胶水。也可用壁纸刀切开泡面，加粘结胶水后用刮板刮平。将纸面上的多余胶液清理掉。

如果已贴好的墙纸边缘因脱胶而有卷翘起来的地方，应将翘边墙纸翻起认真检查，属于基层有污物者，应清理干净，再补贴胶液粘牢；属于胶粘剂胶性小的，要改用胶性较大的胶粘剂粘贴。如墙纸翘边已变硬，则要用粘结力较强的胶粘剂粘贴。

顶棚处裱糊墙纸，第一张通常要贴近主窗，方向与墙壁平行。长度过短时，则可与窗户成直角粘贴。裱糊前先在顶棚与墙壁交接处弹上一道粉线，先敷平一段，然后再沿粉线敷平其他部分，直到整段壁纸贴好后割去多余部分。

（六）裱糊金属壁纸

金属壁纸又称金箔壁纸，它是在纸基上压合了一层极薄的有色及有图案的金箔。金属壁纸有多种色彩，其底色分银白色、古铜色、金铜色、红铜色、不锈钢板色等，总之，以金属质感为主。金箔本身十分薄，贴面时，基层一定要平坦洁净。金属壁纸在裱糊时一定要防止摺伤，否则会影响装饰质量。

金属壁纸在裱糊前也需浸水，一般浸水 2 min 左右便可。将浸过水的壁纸抖去水，阴凉处放置 7 min 左右，便可刷胶。

金属壁纸刷胶要用专用的壁纸胶粉。刷胶时准备一根长度大于壁纸宽度的塑料管，一边在裁剪好并浸过水的金属壁纸背面刷胶，一边将刷过胶的部分向上卷在塑料管上。

金属壁纸的收缩量很小，金属壁纸在裱糊时一般可采用对缝裱，也可采用搭缝裱。金属壁纸对缝时，都有对图案拼接的要求。裱糊时先从上面开始对图案，操作时需要两个人同时配合，一个人负责对图案，另一个人负责手托金属壁纸卷筒。一边粘贴一边用橡胶刮子刮平壁纸，刮时由纸的中间部位往两边压刮，让胶液向两边流动使粘贴更均匀；用力要均匀适中，刮板要靠平，要避免用刮板的尖端来刮壁纸，以防刮伤金属表面。若两幅间有小缝，则应用刮板在正在裱贴的这幅壁纸上向先粘好的壁纸这边刮，直到拼严为好。

（七）锦缎的裱糊

在裱糊工程中，锦缎的技术性和工艺性是要求最高的，这就要求施工人员不但要有一定的施工经验，还要求施工者耐心细致地操作。

因为锦缎柔软光滑，极易变形，难以直接裱糊在木质基层面上，故在锦缎裱糊前先在锦缎背后上浆，并裱糊一层宣纸，使锦缎挺括，以便于裁剪和裱贴。

裱糊上浆用的浆液是由面粉、防虫涂料和水配合而成的，其质量配比为 5∶40∶20，调配成稀而薄的浆液。上浆时将锦缎正面平铺在面积较大又平滑的案台上，再将锦缎的两边压紧。用排刷沾上浆液从中间开始向两边刷，使浆液均匀地涂刷在锦缎背面，浆液不可过多，以能打湿背面为准。

再在另一张大案台上，平铺一张幅宽大于锦缎幅宽的宣纸，并用水把宣纸打湿，使其平贴在案台上。用水量要适当，以刚好打湿为好。

然后把涂过浆液的锦缎从案台上拿起来，将涂有浆液的一面向下，把锦缎粘贴在打湿的宣纸上，并用塑料刮片，从锦缎的中间开始向四边刮压，以便锦缎与宣纸粘贴均匀。待打湿的宣纸干后，便可从桌面上取下，这样锦缎就与宣纸贴合在一起了。粘贴时，案台表面一定要光滑，这样才能保证粘贴后的锦缎能顺利揭下。

锦缎在裱贴前要根据其幅宽和图案花纹认真裁剪，并将每个裁剪好的开片编写，裱贴时要对号进行。其裱贴的方法基本上与金属壁纸相同。这里便不再赘述。

因为锦缎为丝制品，就很容易被虫蛀，所以在锦缎裱糊后要涂刷一遍防虫涂料。

锦缎裱糊后，要全面地进行检查与修补。各处的翘角、翘边要及时进行补胶，并用木棍或橡胶辊压实。有气泡处可先用注射针头排气，并同时用注射管注入胶液，再用辊子压实。如表面有皱折时，可趁胶液未干时轻刮，直至刮平为止。表面的胶水和污物要及时擦净，最后把各处多余部分用壁纸刀小心割掉。

第八章 玻璃装饰工程

玻璃最初用在建筑上的主要功能是采光和遮风挡雨。随着社会发展的需要，玻璃制品正在向多品种、多功能的方向发展。现在，玻璃是最具现代感的装饰材料之一，兼具装饰性与功能性的玻璃新品种的不断问世，为现代建筑设计和室内设计提供了更加广阔的选择余地，使现代建筑愈来愈多地采用玻璃门、玻璃隔断、玻璃栏板、玻璃家具和玻璃装饰艺术品，以达到降低结构自重、美化环境、增加透明感等多种目的。而且用玻璃装饰的空间显得通透、明亮、华美、典雅，有一种玲珑剔透的清凉感和开敞感。尤其是在一些开敞空间中用大面积的玻璃做隔断会更增加视觉上的开敞感。因此，玻璃正日益变为建筑装饰的主要材料。

第一节 玻 璃

一、玻璃的组成

玻璃是无定型非结晶体，为均质的各向同性材料。玻璃是用石英砂、纯碱、长石、石灰石等为主要原料，在 1 550～1 600 ℃高温下熔融成型，并经急冷而制成的固体材料。为满足特种环境的需要，常在玻璃原料中再加入某些辅助性原料，或经特殊工艺处理等，制成具有各种特殊性能的特种玻璃。

玻璃的化学成分很复杂，主要有二氧化硅（SiO_2），含量为 72% 左右；氧化钠（Na_2O），含量为 15% 左右；氧化钙（CaO），含量 9% 左右，另外还含有少量的三氧化二铝（Al_2O_3）、氧化镁（MgO）等。这些氧化物在玻璃中各起着十分重要的作用，见表 8-1。常用的辅助性原料及其作用见表 8-2。

二、玻璃的性质

（一）玻璃的密度

普通玻璃的密度为 $2.45\sim2.55\ g/cm^3$，其相对密度 $d=1$，孔隙率 $P=0$，故可以认为玻璃是绝对密度的材料。

（二）光学性质

玻璃具有优良的光学性质，所以广泛用于建筑采光和装饰，也用于光学仪器和日用器皿等。光线射入玻璃，表现有透射、反射和吸收的性质。即光线能透过玻璃的性质称透射；光线被玻璃阻挡，按一定角度反出为反射；光线通过玻璃后，一部分光能量被损失，称为吸收。

表 8-1 玻璃中各主要氧化物的作用

氧化物名称	所起作用	
	增 加	降 低
SiO_2	熔融温度、化学稳定性、热稳定性、机械强度	密度、热膨胀系数
Na_2O	热膨胀系数	化学稳定性、耐热性、熔融温度、析晶倾向、退火温度、韧性
CaO	硬度、机械强度、化学稳定性、析晶倾向、退火温度	耐热性
Al_2O_3	熔融温度、化学稳定性、机械强度	析晶倾向
MgO	耐热性、化学稳定性、机械强度、退火温度	析晶倾向、韧性

表 8-2 玻璃主要辅助原料及其作用

名 称	常用化合物	作 用
助熔石	萤石、硼砂、硝酸钠、纯碱	缩短玻璃熔制时间,其中萤石与玻璃中杂质 FeO 作用后,可增加玻璃的透明度
脱色剂	硒、硒酸钠、氧化钴、氧化镍	在玻璃中呈现为原来颜色的补色,达到使玻璃无色的作用
澄清剂	白砒、硫酸钠、铵盐、硝酸盐、二氧化锰	降低玻璃粘度,有利于玻璃液消除气泡
着色剂	氧化铁(Fe_2O_3)、氧化钴、氧化锰、氧化镍、氧化铜、氧化铬	赋予玻璃一定颜色,如 Fe_2O_3 能使玻璃呈黄绿色,氧化钴能使玻璃呈蓝色
乳浊剂	冰晶石、氟硅酸纳、磷酸三钙、氧化锡等	使玻璃呈乳白色的半透明体

透光率高低是玻璃的重要性能,清洁的玻璃透光率达 85%～90%。光线经过玻璃将发生衰减,衰减是反射和吸收两因素的综合表现。玻璃透光率随厚度增加而减少,厚玻璃和重叠多层的玻璃,往往是不易透光的。玻璃的反射对光的波长没有选择性,而玻璃的吸收则有选择性,所以在玻璃中加入少量着色剂,便能选择吸收某些波长的光使玻璃着色。

(三) 热工性质

玻璃的导热性能差,当玻璃局部受热时,这些热量不能及时传递到整块玻璃上,玻璃受热部位产生膨胀,使玻璃产生内应力。当在温度较高的玻璃体上,局部受冷也会使玻璃出现内应力,从而造成玻璃的破裂。玻璃抵抗温度变化而不破坏的性能称热稳定性,玻璃对急热的稳定性比对急冷的稳定性要强,这是因为急热时受热表面产生压应力,而急冷时产生拉应力,玻璃的抗压强度远高于抗拉强度。

(四) 力学性质

玻璃的抗压强度与其化学成分、制品结构和制造工艺有关。二氧化硅含量高的玻璃有较高的抗压强度,而氧化钙、氧化钠及氧化钾等氧化物是降低抗压强度的因素。玻璃的抗压强度高,一般为 600～1 200 MPa,玻璃的抗拉强度很小,为 40～80 MPa,故玻璃在冲击力作用下易破碎，是典型的脆性材料。玻璃的弹性模量与温度密切相关，玻璃在常温下具有弹性的性质。弹性模量非常接近其断裂强度，因此脆而易碎，随着温度升高，弹性模量下降，出现塑性变形。

（五）化学性质

玻璃具有较高的化学稳定性，在一般情况下对水、酸、碱以及化学试剂或气体具有较强的抵抗能力，能抵抗氢氟酸以外的各种酸类的侵蚀。但如果玻璃组成中含有较多易蚀物质，在长期受到侵蚀介质的腐蚀下，化学稳定性变差，将导致玻璃的破坏。

三、玻璃的分类

玻璃的品种繁多，分类的方法也有多样，一般可按化学组成和用途分类。

（一）按化学组成分类

1. 钠玻璃

钠玻璃也叫钠钙玻璃，它主要由 SiO_2、NaO 和 CaO 组成，其软化点较低，易于熔制；由于含杂质多，制品多带绿色。与其他品种玻璃相比较，钠玻璃的力学性质、热性质、光学性质和化学稳定性等均较差。多用以制造普通建筑玻璃和日用玻璃制品，故又称普通玻璃。这种玻璃在建筑工程中应用很普遍。

2. 钾玻璃

钾玻璃是以 K_2O 替代钠玻璃中部分 Na_2O，并提高 SiO_2 的含量而制成。它硬而有光泽，故又称硬玻璃。其他性质也比钠玻璃好。这种玻璃多用来制造化学仪器和用具，以及高级玻璃制品。

3. 铝镁玻璃

铝镁玻璃是降低钠玻璃中碱金属氧化物的含量，引入 MgO，并以 Al_2O_3 替代部分 SiO_2 而制成。它软化点低，析晶倾向弱，力学性质、光学性质及化学稳定性都有提高，多用作高级建筑玻璃。

4. 铅玻璃

铅玻璃也称铅钾玻璃或晶质玻璃，它是由 PbO、K_2O 和少量的 SiO_2 所组成。它光泽透明，质软而易加工，对光的折射率和反射性能强，化学稳定性高。铅玻璃密度大，故又称重玻璃，用以制造光学仪器、高级器皿和装饰品等。

5. 硼硅玻璃

硼硅玻璃又称耐热玻璃，由 B_2O_3、SiO_2 及少量 MgO 所组成。它有较好的光泽和透明度，较强的力学性能、耐热性、绝缘性和化学稳定性，用来制造高级化学仪器和用作绝缘材料。

6. 石英玻璃

石英玻璃由纯 SiO_2 制成，具有极强的力学性质、热性质、优良的光学性质和化学稳定性，并能透过紫外线。可用来制造耐高温仪器和杀菌灯以及特殊用途的仪器和设备等。

（二）按用途分类

1. 建筑玻璃

建筑玻璃常称为平板玻璃，是建筑工程中应用面广、量大的建筑材料之一。它主要包括：

（1）透明玻璃：指普通平板玻璃，主要用于建筑的采光。
（2）不透视玻璃：采用压花、磨砂等方法而制成透光不透视的玻璃。
（3）装饰平板玻璃：采用刻花、压花、着色等手段制成具有装饰性的玻璃。
（4）安全玻璃：将玻璃进行淬火，或在玻璃中夹丝、夹层而制成的玻璃。
（5）镜面玻璃：将玻璃磨光后背面涂汞而制成的玻璃。
（6）特殊性能平板玻璃：能透过紫外线、红外线，吸收X射线或具有吸热、热反射等性能的玻璃。

2. 装饰艺术玻璃

装饰艺术玻璃是指用玻璃制成的具有装饰性的屏风、花饰、扶栏、雕塑及马赛克等。

3. 玻璃建筑构件

玻璃建筑构件包括空心玻璃砖、波形瓦、门、壁板及玻璃纤维增强塑料制品等。

4. 玻璃质绝热、隔音材料

玻璃质绝热、隔音材料有玻璃棉毡、玻璃纤维等。

以上玻璃种类中，以普通平板玻璃最为常用，这不仅因为其用量大，而且许多玻璃新品种，都是在普通平板玻璃的基础上进行加工处理而制成的。普通平板玻璃的制造方法有多种，过去常用的方法是垂直引上法、水平引拉法、对辊法等，但现在多采用浮法生产玻璃，它具有产量高、质量好、品种多、规模大、容易操作、劳动生产率高和经济效益好等优点。

第二节　各种功能玻璃和装饰玻璃

（一）钢化玻璃

普通平板玻璃有质脆、易碎，且碎后有尖锐的棱角，易伤人的弱点。它质脆的原因，除因脆性材料本身固有的特点外，还由于在冷却过程中，内部产生了不均匀的内应力所致。为了减少玻璃的脆性，提高玻璃的强度，通常采用钢化法使玻璃形成可缓解外力作用的均匀预应力。经钢化处理后的玻璃称钢化玻璃。

钢化玻璃是普通平板玻璃的二次加工产品。钢化玻璃的加工有物理钢化法和化学钢化法两种。

物理钢化法又称淬火钢化，是将普通平板玻璃在加热炉中加热到接近软化点温度约650℃左右，使之通过本身的形变来消除内部应力，然后移出加热炉，立即用多头喷嘴向玻璃两面喷吹冷空气，使之迅速且均匀地冷却，当冷却至室温后，便形成了高强度的钢化玻璃。由于在冷却过程中玻璃的两个表面首先冷却硬化，待内部逐渐冷却并伴随着体积收缩时，外表已硬化，势必阻止内部的收缩，使玻璃处于内部受拉，外表受压的应力状态。因玻璃的抗压强度较高，所以不会造成破坏。钢化玻璃内部处于较大的拉应力状态而不会破裂，这是因其内部无缺陷存在，故不易破坏。经钢化后的平板玻璃，其强度可大大提高。处于这种应力状态的玻璃，当局部破损时，便会发生应力崩溃，即碎成无数小块，这些小块没有尖锐的棱角，不易伤人。因此，物理钢化玻璃是一种安全玻璃。

化学钢化玻璃是应用离子交换法进行钢化，其方法是将含碱金属离子钠或钾的硅酸盐玻璃浸入溶融状态的锂盐中，钠或钾离子在表面层发生离子交换，使表面层形成锂离子的交换层，由于锂离子膨胀系数小于钠、钾离子，从而在冷却过程中造成外层收缩较小而内层收缩较大，当冷却到常温后，玻璃便处于内层受拉应力而外层受压应力的状态，其效果类似于物理钢化玻璃，因此也就提高了强度。化学钢化玻璃强度虽然高，但破裂后仍然形成尖锐的碎片，因此一般不作安全玻璃使用。

钢化玻璃的抗折强度可达 125 MPa 以上，比普通玻璃大 4～5 倍。抗冲击强度也很高，用钢球测定时，0.8 kg 的钢球从 1.2 m 高度落下，钢化玻璃可保持完整不破碎。钢化玻璃的弹性比普通玻璃大得多，一块 120 mm×350 mm×6 mm 的钢化玻璃，受力后可发生达 100 mm 的弯曲挠度，当外力撤除后，仍能恢复原状。而普通玻璃弯曲变形只能有几毫米，若再进一步弯曲，则会破裂。钢化玻璃热稳定性高，在受急冷急热作用时，不易发生炸裂。这是因为钢化玻璃表现的压应力可抵消一部分因急冷急热产生的拉应力之故。钢化玻璃耐冲击，最大安全工作温度为 288 ℃，能承受 204 ℃ 的温度变化。

钢化玻璃制品有平面钢化玻璃、曲面钢化玻璃、半钢化玻璃、区域钢化玻璃等。平面钢化玻璃主要用作建筑工程的门窗、隔墙与幕墙等；家具中的层板、桌面等。钢化玻璃不能切割、磨削，边角不能碰击扳压，使用时需按现成尺寸规格选用或提供设计图纸进行加工定制。

（二）夹丝玻璃

夹丝玻璃是安全玻璃的一种。它是将预先编织好的钢丝网，压入轻软化后的红热玻璃中而制成的。钢丝网起增强作用，使夹丝玻璃抗折强度和耐温度剧变性都比普通玻璃高，破碎时即使有许多裂缝，但其碎片仍附着在钢丝网上，不致四处飞溅而伤人。夹丝玻璃可用于公共建筑的阳台、走廊、防火门、楼梯间、电梯井、厂房天窗、各种采光屋顶等。

（三）夹层玻璃

夹层玻璃是二片或多片平板玻璃之间嵌夹透明塑料薄衬片，经加热、加压、粘合而成的平面或曲面的复合玻璃制品。夹层玻璃也是一种安全玻璃。

生产夹层玻璃的厚片可采用普通平板玻璃、钢化玻璃、浮法玻璃、彩色玻璃、吸热玻璃或热反射玻璃等。常用的塑料薄片有赛璐璐和聚乙烯醇缩丁醛树脂夹层两种。前者塑料衬层易为潮湿所破坏，而且在日光的长期作用下逐渐发黄而降低透明度，故这种玻璃多在一般情况下使用。聚乙烯醇缩丁醛树脂夹层具有抗水和抗日光的作用，常用于高层建筑门窗等。一般规格有 2+3（mm）、3+5（mm）、5+5（mm）等。夹层玻璃的层数有 3、5、7 层，最多可达 9 层。

夹层玻璃的透明度好，抗冲击性能要比平板玻璃高几倍。玻璃破碎时不裂成分离的碎块，只有辐射的裂纹和少量碎玻璃屑，且碎片粘在薄衬片上，不致伤人。夹层玻璃透光率高，如 2+2（mm）厚玻璃的透光率为 82%。夹层玻璃还具有耐久、耐热、耐湿、耐寒等性能。它主要用作汽车和飞机的挡风玻璃、防弹玻璃以及有特殊安全要求的建筑门窗、隔墙、工业厂房的天窗和用于某些水下工程。

（四）压花玻璃

压花玻璃是将熔融的玻璃液在冷却过程中，通过带图案的花纹辊轴连续对辊压延而成。可一面压花，也可二面压花。在压花玻璃有花纹的一面，用气溶胶对表面进行喷涂处理，玻璃可呈浅黄色、浅蓝色、橄榄色等。经过喷涂处理的压花玻璃，立体感强，且可提高 50%~70% 的强度。

压花玻璃的一个表面或二个表面压出深浅不同的各种花纹图案后，由于其表面高低不平，当光线通过玻璃时产生漫射，因而具有透光而不透视的特点，造成从玻璃的一面看另一面物体时，物像模糊不清。压花玻璃因其表面有各种图案花纹，所以，它有良好的装饰效果。

真空镀膜压花玻璃给人一种素雅、美观、清新的感觉，花纹的主体感强，并具有一定的反光性能，是一种良好的室内装饰玻璃。

彩色膜压花玻璃是采用有机金属化合物和无机金属化合物进行热喷涂而成。彩色膜玻璃的色泽、坚固性、稳定性较其他方法优越。这种玻璃具有良好的热反射能力，而且花纹图案的立体感比一般压花玻璃和彩色玻璃更强，给人们一种富丽堂皇、华贵和艺术的感觉。配置灯光后，装饰效果更好。可用于餐厅、酒吧、浴室、游泳池及办公、会议室的门窗和隔断。

（五）磨光玻璃

磨光玻璃又称镜面玻璃，是用普通平板玻璃经过机械磨光、抛光而成的透明玻璃。磨光玻璃分单面磨光和双面磨光两种。磨光的目的是为了消除由于表面不平而引起的筋缕和波纹等缺陷，以达到透过玻璃的物像不变形。一般而言，表面要磨掉 0.5~1.0 mm，才能彻底消除表面的不平整，所以磨光玻璃只能用厚玻璃加工。磨光玻璃表面平整光洁且有光泽，物像透过不变形，透光率大于 84%。磨光玻璃多用于大型高级装修的门窗采光、橱窗、家具或制镜。经机械研磨和抛光的玻璃，质量虽好，但价格昂贵。自从浮法玻璃出现后，采用此方法的玻璃已逐渐减少。但目前常用此方法来磨边。

（六）磨砂玻璃

磨砂玻璃是指经研磨、喷砂或氢氟酸溶蚀等加工，使表面成为均匀粗糙的平板玻璃。用硅砂、金刚砂、石榴石粉等作研磨材料，加水研磨制成的，称为磨砂玻璃；用压缩空气将细砂喷射到玻璃表面而制成的，称为喷砂玻璃；用酸溶蚀的，称酸蚀玻璃。由于磨砂玻璃表面粗糙，使透过光产生漫反射，形成透光不透视，使室内光线不眩目、不刺眼。利用喷砂的原理将某些图案用粘贴纸事先贴好，再喷砂使玻璃产生有光有毛的图案，这样的玻璃具有一定的装饰效果，可用来做门窗及隔断的装饰。

（七）彩色玻璃

彩色玻璃有透明和不透明两种。透明的彩色玻璃是在玻璃原料中加入一定量的金属氧化物，按平板玻璃的生产工艺加工而成。常用的氧化物及其颜色是：加过量的锰、铬或铁是黑色，钴是深蓝色，铜是浅蓝色，铬或铁是绿色，硒或镉是红色，二氧化锰是桃红色或玫瑰色，硫化镉是黄色，氧化锡、磷酸钠是浮白色。不透明的彩色玻璃是用 4~6 mm 厚的平板玻璃按设计的尺寸切割成型，然后经过清洗、喷轴、烘烤、退火而制成。经退火处理的饰面玻璃可以切割，经钢化处理的饰面玻璃不能切割。

彩色玻璃可根据设计拼成多种图案，并有耐蚀、抗冲刷、易冲洗等特点，可用于室内外的门窗、隔断及对光线有特殊采光要求的一些部位。

（八）镭射玻璃

雷射玻璃是以玻璃为基材的新型装饰材料，它的特征在于经特种工艺处理，玻璃背面出现全息或其他光栅，在阳光或灯光等光源照射下形成物理衍射分光，经金属反射后会出现艳丽的七色光，且同一感光点或面，因光源的射入角的不同而出现不同的色彩变化，使被装饰物显得华贵高雅，富丽堂皇，梦幻迷人。

镭射玻璃有多种颜色，适用于宾馆、酒店，特别是商业、文化、娱乐场所的装饰。

（九）玻璃砖

玻璃砖有空心砖和实心砖两种。实心砖是采用机械压制方法制成的；空心砖是采用箱式模具压制而成的，即两块玻璃加热熔接成整体的空心砖，中间充以干燥空气，经退火，最后涂饰侧面而成。

空心砖有单孔和双孔两种。按性能分有：在内侧做成各种花纹，赋予它特殊的采光性，使外来的光扩散的玻璃砖和使外来光向一定方向折射的指向性玻璃砖。按形状分有：正方形、矩型及各种异型产品。

玻璃砖用来砌筑透光的墙壁，它具有绝热、隔声、耐水、耐火、强度高等特点，适合建筑物的内外隔墙、淋浴隔断、门厅、通道等部分的装修，特别适用于如图书馆、体育馆、展览馆等用以控制透光、眩光及太阳光。

第三节　结构玻璃墙

结构玻璃墙又称无骨架玻璃幕墙。这种结构玻璃墙多用于建筑的外立面首层或二、三层，整个玻璃墙采用通长、超厚、大规格玻璃。其玻璃厚度为 12～25 mm，高度在 6～12 m 之间。结构玻璃墙的面玻璃多采用钢化玻璃和夹层钢化玻璃。在确定高度的情况下，对面玻璃的规格、面积大小、厚度及肋玻璃的宽度及厚度，均应进行抗压和强度计算。玻璃之间的间隙一律采用硅酮玻璃胶粘结，间隙的大小要依玻璃的厚度而定。

无骨架玻璃幕墙与其他类型的玻璃幕墙有所区别，它既不使用钢骨架也不使用铝合金骨架，其玻璃本身既是饰面构件，又是承受水平荷载的承重构件。由于没有骨架，整个玻璃墙采用通长的大块玻璃，通透感更强，视线更加开阔，立面也更为简洁。这种玻璃墙的玻璃固定有两种方法，一种是用悬吊的吊挂结构将面玻璃和肋玻璃固定，此种方法适用于高度较大的单块玻璃；另一种是用特种型材在玻璃的上部将玻璃固定而不设肋玻璃。这种方法适用于一般高度的墙面。

一、设玻璃肋的玻璃幕墙

这种无骨架玻璃幕墙，除了大面积的玻璃之外，还要加设与面玻璃呈垂直设置的条形玻璃，称之为肋玻璃。肋玻璃所起的作用是对面玻璃形成稳定支撑。面玻璃与肋玻璃相交部位分三种构造形式，一种是肋玻璃装在面玻璃的两侧，呈垂直十字状；另一种是肋玻璃装在面玻璃单侧，呈垂直丁字状；第三种是肋玻璃装在面玻璃两端，面玻璃装在肋玻璃的中间，呈垂直十字形。玻璃之间的间隙均采用硅酮胶粘结、密封。（图 8-1）

无骨架玻璃幕墙所采用的玻璃多为钢化玻璃或夹层钢化玻璃等。其玻璃的厚度及种类，要根据幕墙的高度、风压以及分块尺寸等因素而定。下面的肋玻璃选择表可供参考（表 8-3）。这类玻璃幕墙的固定方法，可采用吊钩悬吊固定、特殊型材固定和采用金属框固定等方法（图 8-2）。

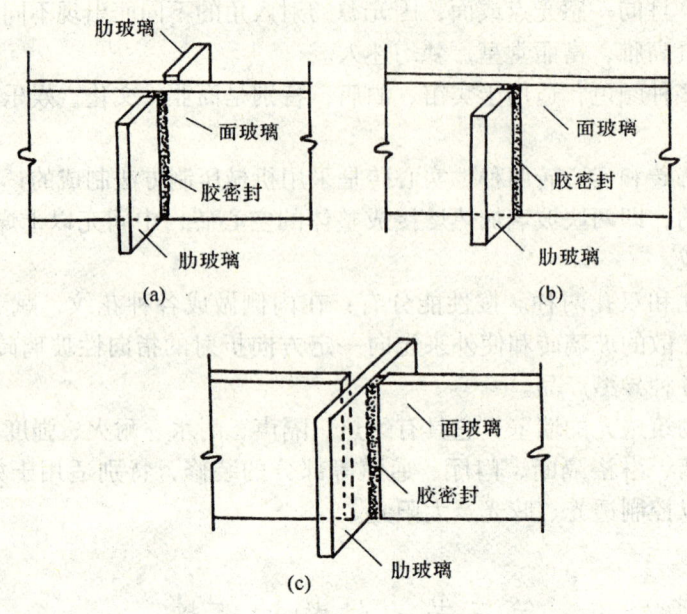

图 8-1 面玻璃与肋玻璃相交部位处理

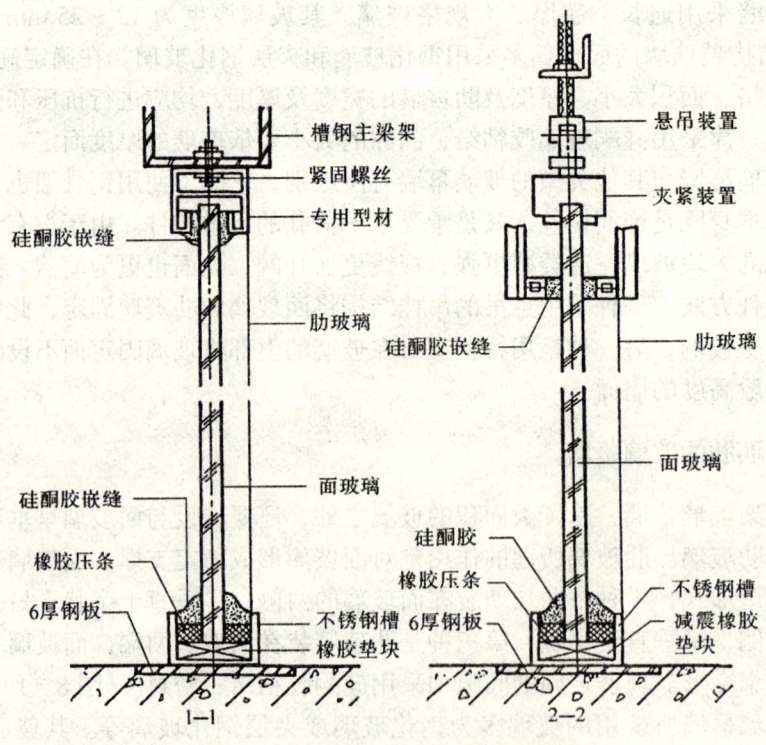

图 8-2 设有玻璃肋的玻璃幕墙剖面图

表 8-3 肋玻璃选择表

面玻璃高度 m	设计风压 kPa	面玻璃单块宽度											
		1.5 m				2.0 m				2.5 m			
		面玻璃厚 mm	肋玻璃厚 mm	肋玻璃宽 mm		面玻璃厚 mm	肋玻璃厚 mm	肋玻璃宽 mm		面玻璃厚 mm	肋玻璃厚 mm	肋玻璃宽 mm	
				双侧	单侧			双侧	单侧			双侧	单侧
2.0	0.981	8	12 / 15	110 / 100	150 / 130	8	12 / 15	120 / 110	170 / 150	8	12 / 15	140 / 120	190 / 170
2.5	0.981	8	12 / 15	130 / 120	180 / 170	8	12 / 15	150 / 140	210 / 190	10	12 / 15	170 / 150	240 / 210
3.0	0.981	8	12 / 15	160 / 140	220 / 200	10	12 / 15	180 / 160	250 / 230	10	12 / 15	200 / 180	280 / 250
4.0	0.981	10	12 / 15 / 19	210 / 190 / 170	290 / 260 / 230	10	12 / 15 / 19	240 / 220 / 190	340 / 300 / 270	12	12 / 15 / 19	270 / 240 / 210	380 / 340 / 300
5.0	0.052	(10)	(15) / (19)	240 / 210	340 / 300	(12)	(15) / (19)	280 / 250	390 / 350	15	15 / 19	310 / 280	440 / 390
6.0	1.153	(12)	(15) / (19)	300 / 270	420 / 380	(15)	(15) / (19)	350 / 310	490 / 440	19	(15) / (19)	390 / 350	550 / 490
7.0	1.245	(15)	(15) / (19)	360 / 320	510 / 460	(19)	(15) / (19)	420 / 370	590 / 530	(19)	(15) / (19)	470 / 420	660 / 590
8.0	1.332	(15)	(15) / (19)	430 / 380	610 / 340	(19)	(15) / (19)	500 / 440	700 / 620	—	—	—	—
9.0	1.412	(19)	(15) / (19)	500 / 440	700 / 620	(19)	(15) / (19)	570 / 510	810 / 720	—	—	—	—
10.0	1.489	(19)	(15) / (19)	570 / 500	800 / 710	—	—	—	—	—	—	—	—

续表（面玻璃单块宽度 3.0 m）

面玻璃高度 m	面玻璃厚 mm	肋玻璃厚 mm	肋玻璃宽 mm	
			双侧	单侧
2.0	10	12 / 15	150 / 130	210 / 190
2.5	10	12 / 15	180 / 170	260 / 230
3.0	12	12 / 15	220 / 200 / 180	310 / 280 / 250
4.0	15	12 / 15 / 19	290 / 260 / 230	410 / 370 / 330
5.0	15	15 / 19	340 / 300	480 / 420
6.0	19	(15) / (19)	420 / 380	600 / 530
7.0	—	—	—	—
8.0	—	—	—	—
9.0	—	—	—	—
10.0	—	—	—	—

· 115 ·

二、不设玻璃肋的玻璃幕墙

不设玻璃肋的玻璃幕墙一般用于高度不超过 5 m 的玻璃。这种方式除用于外墙的装饰，也常用于室内玻璃隔墙。不设玻璃肋的玻璃幕墙，最普遍的做法是将玻璃的上下两端嵌入金属框中，并在底部设置垫块，然后用硅酮胶嵌缝固定。其构造见图 8-3。但是，如整块玻璃过高过大时，除了要在玻璃的底部设置必要的垫块及支撑外，还同时要在玻璃的顶部增设吊钩进行悬吊，其作用是减少底部过大的支承压力。

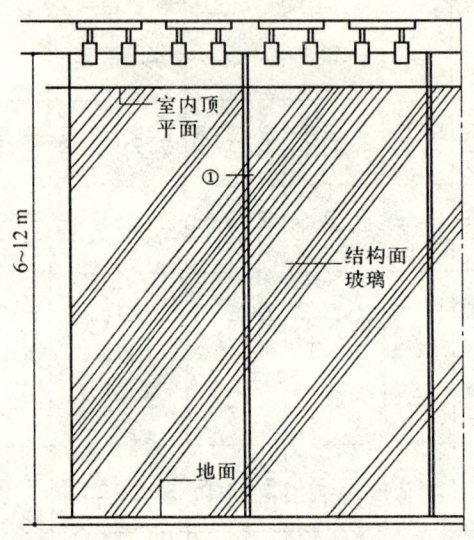

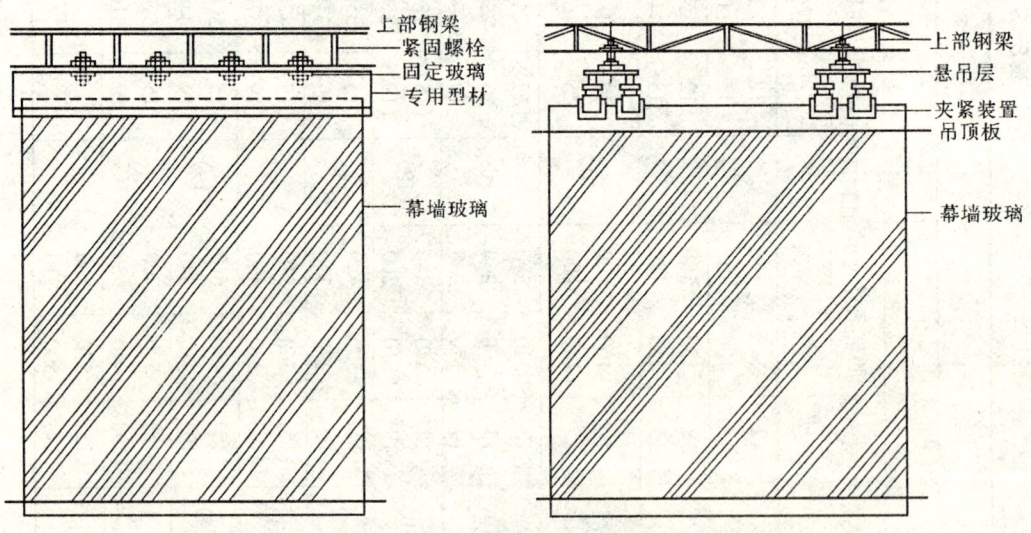

图 8-3 不设玻璃的玻璃幕墙

安装幕墙玻璃时应注意，玻璃与硬金属之间，应避免硬性接触，而需在金属框内垫上氯丁橡胶一类的弹性材料，使之起到过渡减震的作用。橡胶垫块的宽度以不超过玻璃的厚度为标准。垫块应有一定的硬度，过于松软的泡沫材料应避免使用。

玻璃的吊装在玻璃幕墙的施工中是一项重要的环节。对于层高不是过高、单块玻璃面积不是很大的玻璃，也可采用玻璃吸盘，通过多人协力搬运安装就位。但对于单块玻璃面积较大的玻璃幕墙，一般都要借助于吊装机械来完成。目前较普遍使用吸盘机，它充分利用了玻璃表面平整度高、吸附力强的特点，能够将大块玻璃平稳地吸牢并移动到安装部位。在安装前先将玻璃由人工利用手工吸盘进行搬动，再用电动吸盘将玻璃的一侧吸牢，并使用单轨葫芦将其升高到一定高度，然后转动吸盘，对准角度，将玻璃的上口插入顶框，再继续上提，使玻璃的下口对准底框槽口，将玻璃置入框格并安装支承于设计位置，而后采取嵌缝密封措施。

第四节　全玻璃装饰门

全玻璃装饰门是一种典雅气派的公共建筑用门。它具有明亮通透、简洁华美的现代感，多用于宾馆、酒店、商场及一些娱乐场所的主入口。所用玻璃一般是厚度在 12 mm 以上的厚质平板白玻璃、钢化玻璃或雕刻玻璃等。有的设有金属扇框，有的活动门扇除玻璃外只有局部的金属边条。框、扇、拉手等细部的金属装饰多是镜面不锈钢、钛金板等。玻璃门一般主要分固定部分和活动门扇部分（图 8-4）。

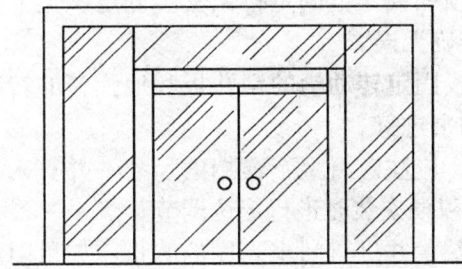
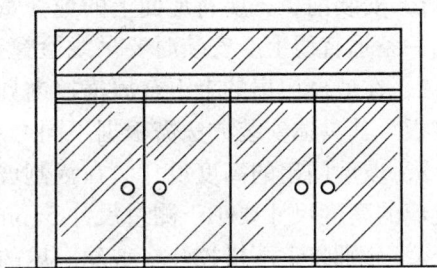

图 8-4　全玻璃装饰门立面图

一、固定部分的安装

（一）安装前的施工

在安装玻璃之前，要先将门框的不锈钢板或其他饰面包板事先安装好。门框顶部的玻璃安装限位槽要留出，其限位槽的宽度应大于所用玻璃厚度 2～4 mm，槽深约 15 mm 左右为好。不锈钢饰面板粘卡在木龙骨上。如采用铝合金方管，可用铝角将其固定在框柱上，或用木螺钉固定在地面埋入的木楔上（图 8-5）。

玻璃的详细尺寸要从安装位置的底部、中部及顶部进行测量，选择最小尺寸为玻璃板宽度的裁割尺寸。如果从上至下三点尺寸一致，其玻璃宽度的确定应比实测尺寸小 3 mm 左右。玻璃板高度方向的尺寸也要比实际尺

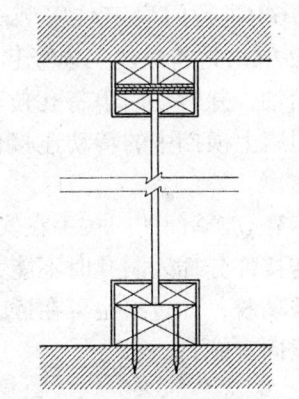

图 8-5　固定玻璃的安装节点

寸小 4 mm 左右。裁割后的玻璃板，应对其四周作磨角处理，磨角宽度取 2 mm 为宜。玻璃在工厂加工时可用专门的磨边机进行磨边。如果是现场加工可用细砂轮磨角。

（二）玻璃的安装

面积较大的玻璃要用玻璃吸盘先将玻璃吸紧，安装时可先将玻璃板上边插入门框顶部的限位槽内，然后将其安放在木托上的不锈钢包面对口缝内。

在底托上固定玻璃板的方法是，首先在底托木方上钉木板条，距玻璃板面 4 mm 左右，然后在木板条上涂刷万能胶，再将饰面不锈钢板粘卡在木方上。

（三）封胶

玻璃门固定部分的玻璃板就位以后，即在顶部限位槽处和底部的底托固定处，以及玻璃板与框柱的对缝处等各缝隙处，都要注胶密封。其方法是，先将玻璃胶筒开口后装入胶枪内，即用胶枪的后压杆端头顶住玻璃胶筒的底部；然后一只手托住胶筒，另一只手握着注胶压柄不断松压，循环操作压柄，将玻璃胶注入需要封口的缝隙内。由需要注胶的缝隙端头开始，顺缝隙匀速移动，使玻璃胶在缝隙中形成一条均匀的直线。

二、活动玻璃门扇的安装

因为全玻璃活动门扇不设任何材料的门框边，所以门扇要靠地弹簧来开合。地弹簧与玻璃门扇的上下要用金属横挡连接，其安装步骤如下。

1. 安装前，先要将地面上的地弹簧和门扇顶面横梁上的定位销安装固定，上下必须在同一条垂直线上。安装时要吊线检查，确认准确无误。

2. 在玻璃门扇的上下金属横挡内划线，按线固定转动销的销孔板和地弹簧的转动轴连接板。其具体安装方法需根据不同产品的说明书进行。

3. 玻璃门扇的高度尺寸。在裁割玻璃板时，应注意将上下横挡的尺寸一并算入。通常玻璃的高度尺寸要小于测量尺寸 5 mm 左右，以便安装时进行定位调节。

4. 分别将上下横挡装在玻璃门扇的上下两端，并进行门扇高度的测量。如果门扇高度不足，即其上下边距门横框及地面的缝隙超过规定值，可在上下横挡内加垫木条进行调节（图 8-6）。

5. 门扇高度合适后便可固定上下横挡，在玻璃板与金属横挡内的两侧空隙处，从两边同时插入小木条，轻敲稳定后，在小木条与玻璃门扇及横挡之间的缝隙处注入玻璃胶。

6. 进行门扇定位安装。先将门框横梁上的定位销本身的调节螺钉调出横梁平面 1~2 mm，再将玻璃门扇竖起来，将门扇下横挡内的转动销连接件的孔位对准地弹簧的转动销轴，并转动门扇将孔位套入销轴上。然后把门扇转动 90°，使之与门框横梁成直角，把门扇上横挡中的转动连接件的孔对准门框横梁上的定位销，将定位销插入孔内 15 mm 左右。

7. 玻璃门的门拉手在安装前，应事先根据拉手的类型在玻璃上预先钻好安装孔。拉手连接部分插入洞孔时不能太紧，要略有余富。而且安装前，在插入玻璃部分的拉手上涂些玻璃胶，如过松也可在插入部分缠上软质胶带。拉手在安装时，其根部与玻璃靠紧后再旋紧固定螺钉。

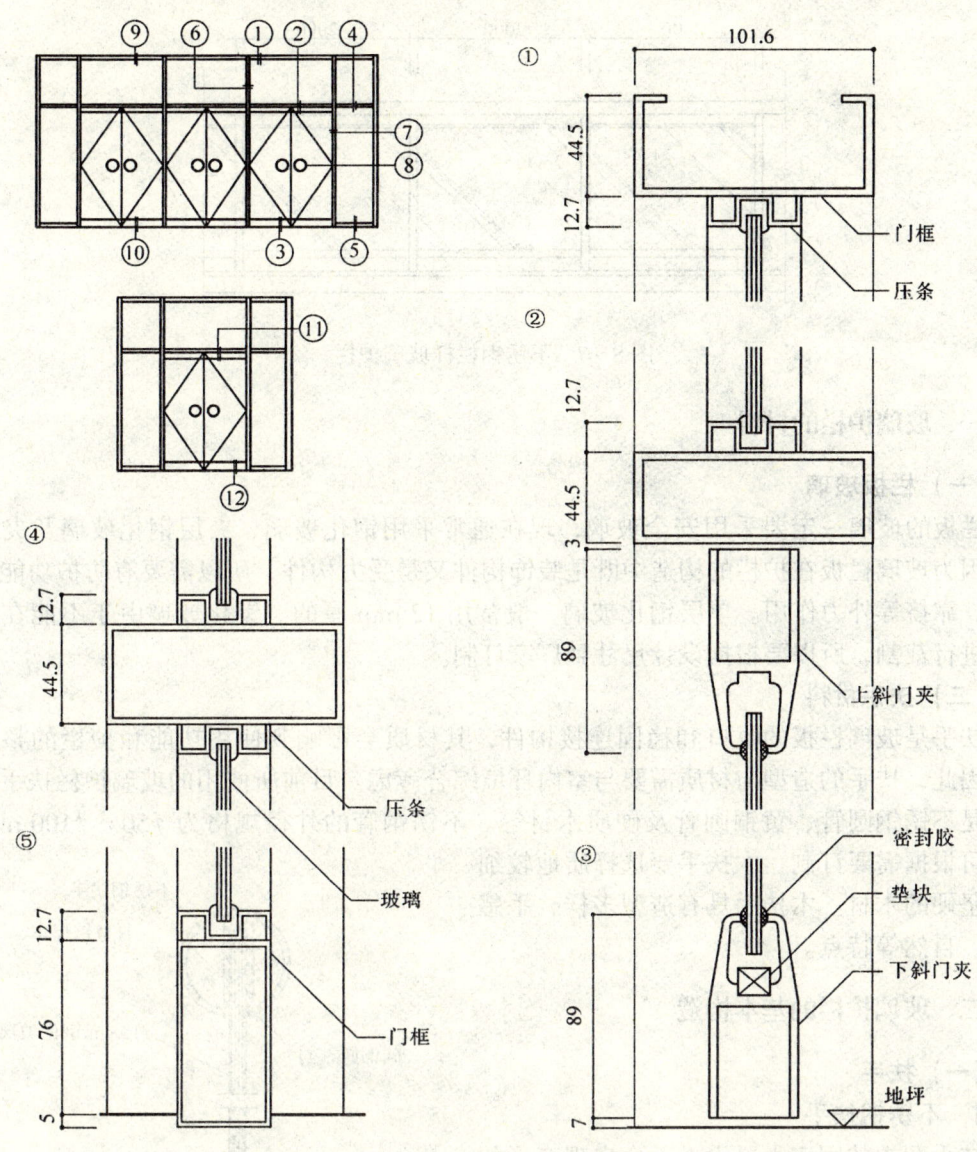

图 8-6 活动门扇剖面图

第五节 玻璃护栏

玻璃护栏多用于大型公共建筑内的主楼梯或大厅回马廊等部位,玻璃护栏的栏板一般要配不锈钢或铜质型材立杆及扶手,简洁通透,极具现代感和较好的装饰效果(图8-7)。

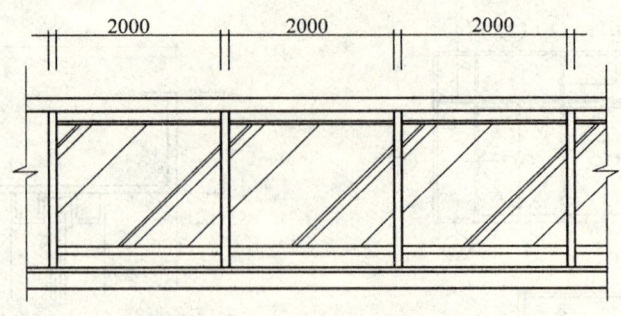

图 8-7 不锈钢栏杆玻璃护栏

一、玻璃护栏的材料

(一) 栏板玻璃

栏板的玻璃一定要采用安全玻璃，现在通常采用钢化玻璃、夹层钢化玻璃及夹丝玻璃。因为玻璃栏板在护栏的构造中既是装饰构件又是受力构件，所以需要有防护功能及承受推、靠挤等外力作用。单层钢化玻璃一般常用 12 mm 厚的。钢化玻璃由于不能在施工现场进行裁割，所以要根据设计尺寸到厂家订制。

(二) 扶手材料

扶手是玻璃栏板的收口和稳固连接构件，其材质会影响到使用功能和护栏的整体效果。因此，扶手的造型与材质需要与室内环境综合考虑。目前所使用的玻璃护栏扶手材料主要是不锈钢圆管、黄铜圆管及硬质木材等。不锈钢管的外径规格为 $\phi 50 \sim \phi 100$ mm 不等，可根据需要订制。木扶手要选择质地较细腻、坚硬的木材。木扶手具有造型多样、手感温暖、自然等特点。

二、玻璃护栏的基本构造

(一) 扶手

1. 不锈钢扶手

扶手两端的固定点要设在不会出现变形的牢固部位，如墙体、柱体等。在固定主体中，可预埋铁件或安装膨胀螺栓，然后将扶手与预埋铁件焊接。不锈钢管扶手一般是通长的，市场上的型材的长度一般为 6 m，但如果超过此长度就要采用焊接的方法进行连接，焊口部位需打磨修平，之后再进行抛光。为提高扶手的刚度及考虑玻璃安装的需要，要在圆管内部加设型钢，型钢与外表圆管焊成整体，如图 8-8。

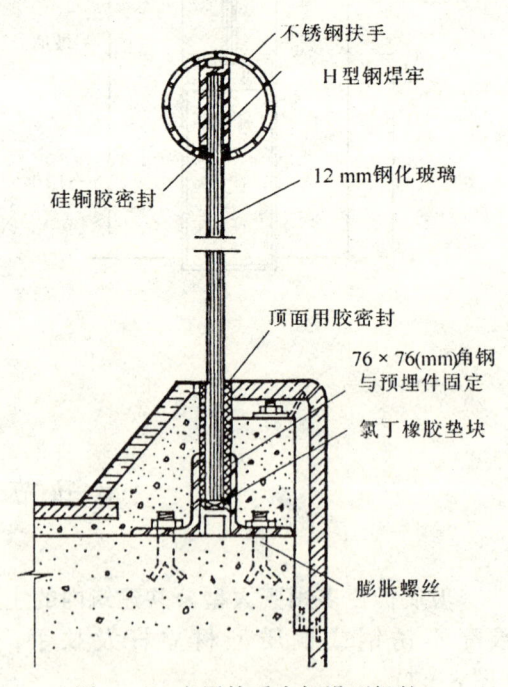

图 8-8 金属扶手内加设型钢的玻璃护栏的构造

2. 木制扶手

木制扶手是玻璃护栏的收口，其材料的质量不仅对使用功能影响较大，同时，对整个护栏的效果产生较大影响，因此对木扶手的材质要求也较高。木扶手的两端固定点也要设在如墙体或柱体等不易变形的部位。可预先在主体结构上预埋铁件，然后将扶手与铁件相连（图8-9）。

（二）玻璃栏板

玻璃护栏的玻璃安装主要有全玻璃式和半玻璃式两类。

1. 全玻璃式安装

全玻璃式护栏见图8-10，其中厚玻璃是在下部与地面安装，上部与不锈钢或铜管连接，下部与地面固定。

2. 半玻璃式安装

半玻璃式见图8-11，其中厚玻璃是用卡槽安装于楼梯扶手立柱之间，或者在立柱上开出槽位，将厚玻璃直接安装在立柱内，并用玻璃胶固定。

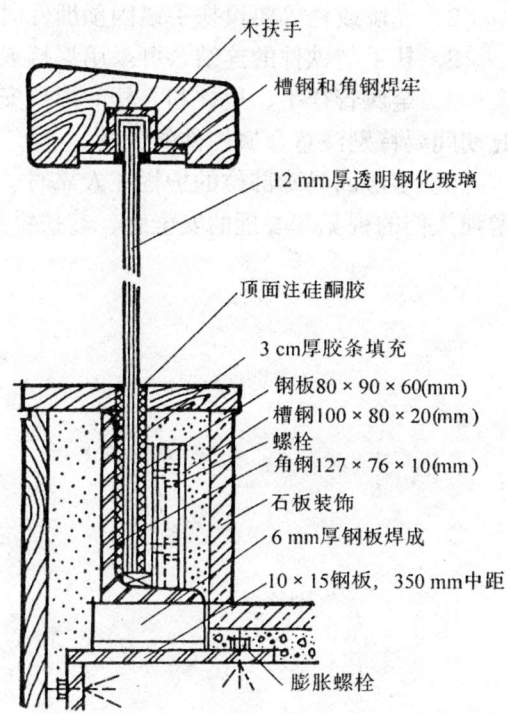

图8-9 采用木扶手的玻璃护栏的构造

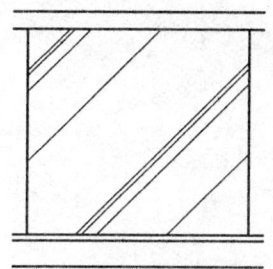

图8-10 全玻璃护栏

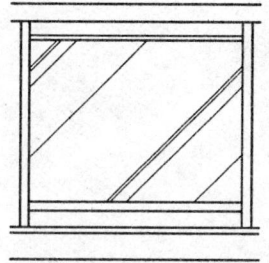

图8-11 半玻璃式护栏

（三）玻璃护栏的底座

玻璃护栏底座的玻璃固定多采用角钢焊成连接固定件，底座部位设两条角钢，留出间隙以安装固定玻璃，间隙的宽度为玻璃的厚度再加上每侧3~5mm的填缝间距。固定玻璃的铁件高度要大于100mm为宜，安装玻璃时利用螺丝加垫橡胶垫或利用填充料将玻璃挤紧。玻璃的下部与钢板之间要加垫氯丁橡胶块将其垫起。玻璃两侧的间隙也要用橡胶条塞紧，缝隙外也要用玻璃胶密封。

三、玻璃护栏施工要点

1. 在护栏底座土建施工时，要注意固定件埋设位置的准确，并要符合设计要求。需加立柱时，要确定立柱的位置。

2. 在墙或柱等要设扶手锚固预埋件时，要准确确定安装位置。

3. 扶手与铁件的连结，可采用焊接或螺栓连结，也可用膨胀螺栓锚固铁件。

4. 金属管扶手、边柱和立杆的焊接安装一般较早完成，而玻璃的安装在后，所以在此期间要特别注意金属构件的保护。

5. 多层回马廊部位的护栏在人靠时，由于居高临下，会使人产生不安全感，所以为增强人们的视觉和心理的安全感，其扶手的高度应取 1.1 m 为宜。

附录 室内装饰工程质量规范(QB1838—93)

0 引言

室内装饰行业发展非常迅速,质量要求愈来愈高,为了提高装饰质量水平,促进行业发展,特编制本规范。

本规范以安全性能、使用功能和装饰效果为对象进行编写。室内装饰工程中的隐蔽工程部分,除本规范规定外其余均按现行的有关工程标准执行。

1 主题内容与适用范围

本规范规定了室内装饰工程的质量要求、检验方法和检验规则。

本规范适用于室内装饰工程质量的施工检验、验收检验和监督检验。

2 引用标准

90轻政法第1号:	室内装饰工艺规程和质量验收办法
JGJ73	建筑装饰工程施工及验收规范
GBJ206	木结构工程施工及验收规范
GBJ232	电气装置安装工程施工及验收规范
GBJ242	采暖与卫生工程施工及验收规范
GBJ243	通风与空调工程施工及验收规范
GBJ300	建筑安装工程质量检验评定统一标准

3 术语

3.1 室内装饰(indoor decoration)

室内装饰是对人们活动的所有成型空间的再加工、再创造,是一个包括室内空间及相关环境的装饰设计、施工、室内用品配套生产、组套供应的集技术、艺术、劳务和工程服务于一体的系统工程。

3.2 单位工程(unit project)

单位空间的分部和分项工程的总和。

3.3 分部工程(portional project)

按不同的部位划分,是多工种综合作业的工程。

3.4 分项工程(divisional project)

按不同的工种划分,是单一工种为主体作业的工程。

3.5 保证项目(guarantee item)

是规范条文中规定必须达到的要求,是保证工程安全或使用功能正常的重要项目。

3.6 基本项目(basic item)

是保证工程使用性能和装饰效果的基本要求。

3.7 允许偏差项目(deviation permitted item)

是工程项目中规定允许有偏差范围的项目。

4 室内装饰工程分类

室内装饰工程分为饰面工程、配套陈设工程、电气工程、给排水及暖通工程、环境园林工程。

表1

序号	分部工程名称	分项工程名称
1	饰面工程	喷砂、喷涂、滚涂和弹涂;刷(喷)浆;混色油漆、清漆;美术油漆;木地板和石材打蜡;涂料面装饰基层处理;裱糊;裱糊面装饰基层处理;饰面板(砖)安装镶贴;饰面砖镶贴基层处理;整体楼(地)面;板块楼(地)面;木质板楼(地)面;活动地板;地面(楼面)基层处理;吊顶龙骨安装;吊顶罩面板安装;铝合金门窗安装;钢门窗;木门窗;塑料门窗;石膏制品等
2	配套陈设工程	家具;壁饰;锦锻软包;屏风;灯饰;隔断;隔断罩面板安装;花饰安装;细木制品;不锈钢制品;窗帘;地毯铺设;工艺品;音像系统;厨房用具等各种功能配套设备
3	电气工程	金属配管及管内穿线;塑料配管及管内穿线;槽板配线;瓷夹、瓷柱及瓷瓶配线;护套线配线;低压电器安装;电气照明器具及其配电箱(盘);电线接线;通讯;集中控制等
4	给排水及暖通工程	室内给水管道安装;管道附件安装;室内给水管道附属设备;室内排水管道安装;卫生器具安装;室内煤气工程 室内采暖和热水供应管道;散热器及太阳能热水器;室内采暖和热水供应工程附属设备安装;风管及部件;消声器制作与安装;通风机安装;防腐油漆;风管及设备保温;制冷设备安装;窗式空调器安装等
5	环境园林工程	植物;喷泉、假山;亭廊等

5 工程质量要求和检验方法

5.1 室内装饰工程质量保证资料质量要求(表2)

表2

序号	项目名称		质量要求	检查方法	检查数量
1	饰面工程	装饰材料出厂合格证、检验报告	1.合格证、试(检)验单或记录单内容应齐全、准确、真实;抄件应注明原件存放单位,并有抄件人、抄件单位的签字和盖章 2.重要原材料和配件应有数据可靠的抽样检验报告 3.设计、施工技术资料应具有合法性,内容齐全变更应有变更文件	查阅	全数检查
2		构配件的产品说明书、检验报告			
3		预埋件的数量、位置、埋设连接方法的记录			
4		基体或基层验收记录			
5		分项、分部工程质量检验评定记录			
6		效果图、施工图、竣工图及设计变更文件			
7	配套陈设工程	配套陈设的合格证、说明书、检验报告			
8		预埋件数量、位置、埋设连接方法的记录			
9		分项、分部工程质量检验评定记录			
10		效果图、家具图、施工图及设计交底文件			
11	电气工程	电气设备、材料合格证和产品说明书、检验报告			
12		电气设备试验、调整记录			
13		绝缘、接地电阻测试记录和隐蔽工程验收单			
14		分项、分部工程质量检验评定记录			
15		安装图纸及变更设计部分的实际施工图			
16	给排水及暖通工程	材料、设备出厂合格证、检验报告			
17		空调调试报告			
18		管道的清洗及通水试验记录			
19		隐蔽工程检验记录和中间验收单			
20		设计修改的证明文件和竣工图			
21	环境园林工程	材料、设备出厂合格证、检验报告			
22		隐蔽工程检验记录和中间验收单			
23		施工图、竣工图及设计变更文件			

5.2 室内装饰工程效果质量要求(表3)

表3

项	目		质 量 要 求	分数	检查方法
1	各部位装饰效果	顶棚	吊顶块面平整洁净,材质色泽一致,质感清晰,协调美观,接缝处花纹图案吻合,无明显色差。纹样、图案规整。与墙面、立柱衔接的阴、阳角处理恰当,各种装饰材料线条平滑、顺直,同种材料无明显色差,无明显接缝痕迹	10	根据装饰效果图和设计说明进行观察和触摸检查
2		墙面	墙面平整,无明显凹凸和接搓,材质色泽一致,无明显色差。裱糊墙纸纹样、图案符合规律。墙裙质地统一,罩透明漆后底纹拼接富于美感。木线(踢脚)选料得当,不得残缺裂缝。孔洞、槽盒等突出墙面的周围细部、边缘整齐光滑。各种装饰材料线条流畅,平滑	10	
3		楼(地)面	表面洁净,图案清晰,色泽一致,无明显色差,拼缝均匀,无明显高差,周边顺直,板面无裂纹、翘鼓	10	检验人员不得少于三名,分别评分取其平均值
4		门窗	型材色泽相符,无明显色差。玻璃洁净光亮。安装朝向正确,门窗安装关闭严密,间隙均匀,开、关灵活。地弹簧与地面齐平	5	
5		隔断	布局合理,安装稳固,与地面垂直,材质选配恰当,视觉与手感舒适。表面平整洁净,颜色一致,接缝均匀,无明显高差	5	
6		门厅过道	装饰风格与整体协调,阴阳角处理恰当。顶棚、墙面平整、洁净。地面无明显高差及翘鼓。墙裙纹样和接缝平齐、和谐。踢脚线牢固、无残缺、裂缝	5	
7		卫生间	坡度符合设计要求,不倒泛水,无渗漏,无积水,与地漏(管道)结合严密平顺	5	
8	总体装饰效果	艺术效果	符合基本美学原则,富于美感。整体效果和谐、统一	10	
9		功能设计	体现设计意图,符合使用功能	10	
10		空间处理	室内环境合理、舒适、科学,与使用功能相吻合,并符合安全要求	10	
11		采光	自然采光与人工光源相辅相成,照明应满足室内的设计照度标准,灯饰符合功能要求	5	
12		色彩配置	色彩与色光的配置适合室内空间的需要,各装饰面和各种家具陈设的色彩与主色调应协调	5	
13		配套陈设	与总体设计风格统一,并能基本达到设计的效果	10	

5.3 分项工程质量要求

5.3.1 饰面工程分项质量要求

5.3.1.1 喷沙、喷涂、滚涂和弹涂分项工程质量要求见表4。本表适用于厚质或多层涂料。

表4

项别		项目	质量要求		检验方法	检查数量
			合格	优良		
保证项目	1	原材料	材料的品种、质量必须符合设计要求及有关标准规定		检查材料出厂合格证和检验报告	全检
	2	基层	各抹灰层之间及抹灰层与基体之间必须粘结牢固,无脱层、空鼓和裂缝等缺陷(注:空鼓而不裂的面积不大于200 cm²者,可不计)		观察检查和用小锤轻击检查	
基本项目	1	表面	颜色、花纹、色点大小均匀,无漏涂,无污迹	颜色一致,花纹、色点大小均匀,不显接搓,无漏涂、透底和流坠、无污迹	观察检查	
	2	分格条(缝)	宽度、深度均匀,楞角整齐,横平竖直	宽度、深度均匀一致、平整光滑,楞角整齐、横平竖直、通顺		
	3	孔洞、槽盒和管道后面的抹灰表面	尺寸正确,边缘整齐,管道后面平整	尺寸正确,边缘整齐光滑,管道后面平整	观察检查	
	4	护角和门窗框与墙体间缝隙的填塞	护角高度符合施工规范规定,门窗框与墙体间缝隙填塞密实。	护角材料高度符合施工规范规定,表面光滑平顺,门窗框与墙体间缝隙填塞密实,表面平整	小锤轻击和尺量检查	
允许偏差项目			允许偏差(mm) 不大于			
			喷沙	喷涂、滚涂、弹涂		
	1	立面垂直	5		作2 m靠尺检查	每项测量点不得少于5处
	2	表面平整	5	4	用2 m靠尺和楔形塞尺检查	
	3	阴、阳角方正	4		用阴阳角尺检查	
	4	阴、阳角垂直	4	3	用2 m托线板检查	
	5	分格条(缝)平直	3		拉5 m线和尺量检查	

5.3.1.2 刷(喷)浆分项工程质量要求见表5。本表适用于水溶性涂料、乳液型涂料等薄质涂料。

表5

项别		项目	质量要求		检查方法	检查数量
			合格	优良		
保证项目	1	原材料	刷浆涂料的品种、质量和颜色必须符合设计要求和有关标准的规定		检查产品合格证和检验报告	全检
	2	基层处理	基层处理必须符合施工验收规范的要求		观察和手摸检查	
	3	掉粉、起皮、漏刷和透底	刷浆(喷浆)严禁掉粉、起皮、漏刷和透底			
基本项目	1	反碱、咬色	明显处无	无	观察和手摸检查	
	2	喷点、刷纹	1.5 m 正视喷点均匀,刷纹通顺	1 m 正视喷点均匀,刷纹清晰		
	3	流坠、疙瘩、溅沫	明显处无	无		
	4	颜色、砂眼、划痕(划痕系指用砂纸打磨腻子所留下的痕迹)	正视颜色一致无砂眼,无划痕	正斜视颜色一致,无砂眼,无划痕		
	5	门窗、灯具等	门窗洁净,灯具等基本洁净	洁净		
	6	装饰线、分色线平直	偏差不大于 2 mm	偏差不大于 1 mm	拉 5 m 线检查,不足 5 m 拉通线	

5.3.1.3 混色油漆、清漆分项工程质量要求见表6。

表6

项别		项目	质量要求		检验方法	检查数量
			合格	优良		
保证项目	1	原材料	材料的品种、质量必须符合设计要求和有关标准规定		检查产品出厂合格证和检验报告	全检
	2	脱皮、漏刷和反锈	混色油漆工程严禁脱皮、漏刷和反锈		观察、手摸检查	
基本项目	1	透底、流坠、皱皮	大面无,小面明显处无	大小面均无	观察手摸检查	
	2	木纹	棕眼基本刮平,木纹清晰	棕眼刮平,木纹清晰	观察手摸检查	
	3	光亮和光滑	光亮,光滑均匀一致	光亮足,光滑无挡手感	观察手摸检查	
	4	分色裹棱	大面无,小面允许偏差1 mm	大小面均无	观察和尺量检查	
	5	装饰线、分色线平直	偏差不大于1 mm	偏差不大于0.5 mm	用5 m拉线和钢尺检查	
	6	颜色、刷纹	大面颜色一致,刷纹通顺	颜色一致,刷纹通顺	观察检查	
	7	五金、玻璃等	基本洁净	洁净	观察检查	

注：①大面是指门窗关闭后的里、外面。
　　②小面明显处是指门窗开启后,除大面外,视线所能见到的地方。
　　③透底、分色裹棱、装饰线、分色线适用于混色油漆。
　　④木纹适用于清色油漆。

5.3.1.4 美术油漆分项工程质量要求见表7。

表7

项别		项目	质量要求		检验方法	检查数量
			合 格	优 良		
保证项目	1	原材料	材料品种、质量必须符合设计要求和有关标准规定		检查产品出厂合格证和检验报告	全检
	2	图案和颜色	美术油漆的图案和颜色必须符合设计和选定样品的要求，底层油漆的质量必须符合相应等级的有关规定		观察、手摸和尺量检查	
基本项目	1	美术油漆 滚花	无明显漏涂、斑污、流坠、接茬	图案颜色鲜明，轮廓清晰，无漏涂、斑污和流坠，不显接茬	观察和手摸检查	
	2	仿木纹、仿石纹	具有被摹仿材料的纹理效果	摹仿的纹理逼真		
	3	鸡皮皱拉毛	鸡皮皱的起粒和拉毛的大小花纹分布均匀	分布均匀，不显接茬，无起皮和裂纹		
	4	套色漏花	图案无位移	图案无位移，纹理和轮廓清晰		
	5	不同颜色的线条	颜色均匀，全长歪斜不大于2 mm，搭接错位不大于1.5 mm	颜色均匀，全长歪斜不大于1 mm，搭接错位不大于0.5 mm	观察和尺量检查	

5.3.1.5 木地板和石材打蜡分项工程质量要求见表8。

表8

项别	项目		质量要求		检验方法	检查数量
			合格	优良		
保证项目	1	原材料	材料品种、质量必须符合设计要求和有关标准规定		检查产品出厂合格证和检验报告	全检
	2	烫蜡、打蜡	木地板烫蜡、擦软蜡和大理石、水磨石地面打蜡工程,严禁在施工过程中烫坏地板和损伤地面		观察检查	
基本项目	地板打蜡	1 木地板烫蜡、擦软蜡	蜡洒布均匀,无露底,明亮光滑,色泽均匀,表面基本洁净	蜡洒布均匀,无露底、明亮光滑,色泽一致,厚薄均匀,木纹清楚,表面洁净	观察检查	
		2 大理石、水磨石地面打蜡	蜡洒布均匀,无露底,明亮光滑	蜡洒布均匀,无露底,条缝刮平,厚薄均匀,表面洁净		

5.3.1.6 涂料面装饰基层处理分项工程质量要求见表9。本表适用于薄质涂料的基层处理。

表9

项别		项 目	质 量 要 求	检验方法	检查数量
保证项目	1	基层表面	基层表面上的灰尘、污垢、溅沫和砂浆流痕应清除干净	观察检查	全检
	2	基层表面缺陷	基层表面的疏松、脱皮、裂缝等缺陷应先修补平整		
	3	基层表面强度	基层刮灰后表面强度应比涂敷其上的涂料高		
	4	基层上安装的金属件	基层上安装的金属件应进行防锈处理		
	5	基层或基体的含水率	基层或基体的含水率:以工程所在地年平均湿度来确定含水率控制指标	用含水率检测仪检查	检查5点以上
	6	接缝处理	不同基层材料交汇处应铺钉钢丝网,每边搭接长度应大于10 cm;相同基层材料(板材)接缝处应粘贴细白布,每边搭接应大于5 cm	目测和钢直尺检查	全检
允许偏差项目	\multicolumn{5}{l	}{允 许 偏 差 (mm) 不大于}
	1	表面平整	2	用2 m直尺和楔形塞尺检查	每项检查5处以上
	2	阴、阳角垂直	2	用2 m托线板检查	
	3	立面垂直	3	用2 m靠尺检查	
	4	阴、阳角方正	2	用200 mm阴阳角尺检查	

5.3.1.7 裱糊装饰分项工程质量要求见表10。

表 10

项别		项目	质量要求		检验方法	检查数量
			合格	优良		
保证项目	1	原材料	材料品种、颜色符合设计要求,其质量必须符合有关标准规定		检查出厂合格证和检验报告	全检
	2	与基层结合	壁纸、墙布必须粘结牢固,无空鼓、翘边、皱折等缺陷		观察或用手轻触摸检查	
基本项目	1	裱糊表面	色泽一致,无斑污,无凸粒点	色泽一致,无斑污,无胶痕,无凸粒点	观察检查	
	2	各幅拼接	横平竖直,图案端正,拼缝处图案、花纹基本吻合,阳角处无接缝	横平竖直,图案端正,接缝处图案、花纹吻合,距离1.5m处正视不显拼缝,斜视不显胶痕,阴角断缝、搭缝,阳角处无接缝		
	3	裱糊与挂镜线、踢脚板交接	交接紧密,无漏贴,不糊盖需拆卸的活动件	交接紧密,无缝隙,无漏贴和补贴,不糊盖需拆卸的活动件		

5.3.1.8 裱糊装饰基层处理分项工程质量要求见表11。

表 11

项别		项 目	质 量 要 求	检验方法	检查数量
保证项目	1	基层表面	基层必须坚实牢固,表面平整光洁,不得有疏松、掉粉、飞刺、麻点、砂粒和裂缝,阴阳角应顺直	观察和用小锤轻击	全检
	2	基体或基层的含水率	基体或基层的含水率:以工程所在地方年平均湿度来确定含水率控制指标	用含水率检测仪检查	
	3	基层表面处理	基层表面有瞌碰、麻面和缝隙的部位必须用水石膏或胶腻子抹平抹光,再在墙面上满刮石膏腻子或在胶粘剂中掺入适量的白色涂料,腻子应坚实牢固,不得粉化、起皮和裂缝,腻子干燥后,用砂纸磨平磨光并将灰尘清扫干净。裱糊的基层表面颜色一致,刷亮油封底	观察检查	
	4	基层泛碱部位	对于基层泛碱部位宜进行清洗,防止浸蚀壁纸使之变色		
	5	打毛处理	附着牢固、表面平整的旧溶剂型涂料墙面,裱糊前应打毛处理		
	6	接缝处	不同基层接缝处,应先贴一层细白布,再刮腻子修补		
允许偏差项目			允 许 偏 差 (mm) 不大于		
	1	表面平整	2	用2m靠尺和楔形塞尺检查	每项检查5处以上
	2	阴、阳角垂直	2	用2m托线板检查	
	3	立面垂直	3	用2m靠尺检查	
	4	阴、阳角方正	2	用200mm阴阳角尺检查	

5.3.1.9 饰面板(砖)安装(镶贴)分项工程质量要求见表12。本表适用于天然石、人造石饰面板和饰面砖镶贴,金属饰面板的室内饰面工程。

表 12

项别	项目		质量要求		检验方法	检验数量
			合格	优良		
保证项目	1	原材料	饰面板(砖)的品种、规格、颜色和图案必须符合设计要求,质量符合有关标准规定		检查出厂合格证和检验报告	全检
	2	与基层结合	板(砖)安装(镶贴)必须牢固,无歪斜、缺楞掉角和裂缝等缺陷,以水泥为主要粘结材料时严禁空鼓		观察检查和用小锤轻击检查	
基本项目	1	饰面板(砖)表面	表面平整、洁净,色泽基本协调一致	表面平整、洁净,色泽协调一致	观察检查	
	2	饰面板(砖)接缝	接缝填嵌密实、平直、宽窄均匀	接缝填嵌密实、平直、宽窄一致、颜色一致,阴阳角处的板(砖)压向正确,非整砖的使用部位适宜		
	3	突出物周围的板(砖)套割	套割缝隙不超过5 mm,墙裙贴脸等上口平顺	用整砖套割吻合、边缘整齐,墙裙、贴脸等上口平顺,突出墙面的高度一致	观察和尺量检查	

项别			允许偏差 (mm)						检验方法	检验数量
			天然石			人造石	饰面砖		饰面板			
			光面	麻面	天然面		釉面砖	陶瓷锦砖	铝合金板	压型钢板		
允许偏差项目	1	表面平整	≤1	≤3	—	≤2	≤2		≤3		用2 m靠尺和楔形塞尺检查	每项检查5处以上
	2	立面垂直	≤2	≤3	—	≤2	≤2				用2 m靠尺检查	
	3	阴、阳角方正	≤2	≤4	—	≤2	≤2		≤3		用200 mm阴阳角尺检查	
	4	拉缝平直	≤2	≤4	≤5	≤2	3	≤2	≤0.5	≤1	拉5 m线检查,不足5 m拉通线和尺量检查	
	5	墙裙上口平直	≤2		≤3	≤2	≤2		≤3			
	6	接缝高低	≤0.5	≤3	—	≤0.5	≤0.5		≤1		用直尺和楔形塞尺(或塞尺)检查	
	7	接缝宽度	±0.5	±1	±2	±0.5	±1		—		尺量检查	

5.3.1.10 饰面砖镶贴基层处理分项工程质量要求见表13。本表适用于釉面砖、陶瓷锦砖等室内饰面工程的基层处理。

表 13

项别		项 目	质 量 要 求	检验方法	检查数量
保证项目	1	基层表面	基层表面的灰浆、污垢和油渍等必须清除干净	观察检查	全检
	2	交接处缝隙	门窗与墙体间交接处缝隙必须按设计要求嵌、填密实		
	3	混凝土基层	砼基体上凸出部分必须剔凿平整,凹入部位必须用1:2或1:3水泥砂浆补平 光滑的砼面必须打点凿毛(受凿面积≥70%),并用钢丝刷清刷一道和清水冲洗干净		
	4	砖墙基层	砖墙基体必须用水湿透后(润湿深度约2～3 mm),用1:3水泥砂浆打底,表面平整粗糙		
	5	加气混凝土基层	加气砼基体应先用水湿润,修补缺棱掉角;然后用107胶水溶液涂刷一道,再铺钉金属网一层并绷紧,在金属网上分层抹1:1:6混合砂浆打底,表面平整粗糙		
	6	石膏板基层	石膏板基体必须用嵌缝腻子嵌填密实,并在其上粘贴玻璃丝网格布(或穿孔纸带)		
	7	不同材料结合部位	不同材料的结合部位必须用钢丝网压盖接缝,并用射钉钉牢,再用30%107胶加70%水拌合的水泥素浆满涂基体一道		
允许偏差项目			允许偏差 (mm) 不大于		
			除锦砖外 / 锦砖		
	1	表面平整	4 / 2	用2 m靠尺和楔形塞尺检查	每项检查5处以上
	2	阴、阳角垂直	4 / 2	用2 m托线板检查	
	3	立面垂直	5 / 3	用2 m靠尺检查	
	4	阴、阳角方正	4 / 2	用200 mm阴阳角尺检查	

5.3.1.11 整体楼(地)面分项工程质量要求见表14。本表适用于地面涂料和水磨石等整体楼(地)面工程。

表 14

项别	项目		质量要求 合格	质量要求 优良	检验方法	检查数量
保证项目	1	原材料	各种面层的材质、强度(配合比)和密实度必须符合设计要求和施工规范规定		检查出厂合格证和检验报告	全检
保证项目	2	面层与基层结合	面层与基层的结合必须牢固无空鼓(空鼓面积不大于40cm^2,无裂纹,且在一个自然间内不多于3处者,可不计)		小锤轻击检查	全检
基本项目	1	整体面 水磨石	表面基本光滑,无明显裂纹和砂眼;石粒密实,分格条牢固	表面光滑,无裂纹、砂眼和磨纹;石粒密实、均匀;颜色图案一致,不混色;分格条牢固、顺直和清晰	观察检查	全检
基本项目	1	整体面 地面涂料	表面基本光滑,无抹纹和裂纹	表面光滑,颜色协调,无抹纹和裂纹	观察检查	全检
基本项目	2	地漏及泛水	坡度满足排除液体要求,不倒泛水,无渗漏	坡度符合设计要求,不倒泛水,无渗漏,无积水;与地漏(管道)结合处严密平顺	观察和泼水检查	全检
基本项目	3	踢脚线	高度基本一致;与墙面结合牢固,局部虽有空鼓,但其长度应不大于400mm,且在一个检查范围内不多于2处	高度一致,出墙厚度均匀;与墙面结合牢固;局部虽有空鼓,但其长度不大于200mm,且在一个检查范围内不多于2处	小锤轻击、尺量和观察检查	全检
基本项目	4	楼梯踏步和台阶	宽度基本一致,相邻两步高差不超过10mm,齿角基本整齐,防滑条顺直	宽度一致,相邻两步高差不超过10mm,齿角整齐,防滑条顺直	观察和尺量检查	全检
基本项目	5	镶边	各种面层邻接处的镶边用料及尺寸符合设计要求和施工规范规定	各种面层邻接处的镶边用料及尺寸符合设计要求和施工规范规定;边角整齐光滑,不同面层、不同颜色的邻接处不混色	观察和尺量检查	全检
允许偏差项目			允许偏差 (mm) 不大于 地面涂料	允许偏差 (mm) 不大于 水磨石		
允许偏差项目	1	表面平整度	3	2	用2m靠尺和楔形尺检查	1间检查4处,纵、横、斜、过门口各1处
允许偏差项目	2	踢脚线上口平直	3	3	拉5m线,不足5m拉通线和尺量检查	1间检查1处
允许偏差项目	3	缝格平直	3	2	拉5m线,不足5m拉通线和尺量检查	1间纵横各1处

5.3.1.12 板块楼(地)面分项工程质量要求见表15。本表适用于陶瓷锦砖、高级水磨石板、墙地砖、大理石板、花岗石、塑料板等板块楼(地)面工程。

表 15

项别		项目	质量要求		检验方法	检查数量
			合格	优良		
保证项目	1	原材料	各种面层所用板块的品种、质量必须符合设计要求和有关标准规定		检查出厂合格证和检验报告	全检
	2	面层与基层结合	面层与基层结合(粘贴)必须牢固,无空鼓(脱胶)		用小锤轻击和观察检查	
基本项目	1	板块面层表面	色泽均匀,板块无裂纹、掉角和缺棱等缺陷	表面洁净,图案清晰,色泽一致,接缝均匀,周边顺直,板块无裂纹、掉角和缺棱等现象	观察检查	
	2	地漏及泛水	坡度满足排除液体要求,不倒泛水,无渗漏	坡度符合设计要求,不倒泛水,无积水,与地漏(管道)结合处严密牢固,无渗漏	观察检查泼水检查	
	3	踢脚线	接缝平整,结合基本牢固,出墙厚度适宜	表面洁净,接缝平整均匀,高度一致,结合牢固,出墙厚度适宜,基本一致	用小锤轻击和观察检查	
	4	楼梯踏步和台阶	缝隙宽度基本一致,相邻两步高差不超过15mm,防滑条顺直	缝隙宽度基本一致,相邻两步高差不超过10mm,防滑条顺直	观察或尺量检查	
	5	镶边	各种面层邻接处的镶边用料及尺寸符合设计要求和施工规范规定	各种面层邻接处的镶边用料及尺寸符合设计要求和施工规范规定,边角整齐、光滑		
允许偏差项目			允许偏差 (mm) 不大于			
			陶瓷锦砖、高级水磨石板	墙地砖	普通水磨石板	大理石花岗石板	塑料板	其它		
	1	表面平整度	2	4	3	1	2		用2m靠尺和楔形塞尺检查	每间检查4处,横、纵、斜向及过门口各1处

续表 15

项别		项 目	质 量 要 求					检验方法	检查数量
			合 格		优 良				
			允许偏差 (mm) 不大于						
			陶瓷锦砖、高级水磨石板	墙地砖	普通水磨石板	大理石花岗石板	塑料板		
							其它		
允许偏差项目	2	缝格平直		3		2	3	拉 5m 线,不足 5m 拉通线和尺量检查	每间检查 1 处
	3	接缝高低差	0.5	1.5	1		0.5	尺量和楔形塞尺检查	
	4	踢脚线上口平直	3	4	1		2	拉 5m 线,不足 5m 拉通线和尺量检查	
	5	板块间隙宽度		2		1	—	尺量检查	

5.3.1.13 木质板楼(地)面分项工程质量要求见表 16。本表适用于木板、拼花木板和硬质纤维板等木质楼(地)面工程。

表 16

项别		项 目	质 量 要 求		检验方法	检查数量
			合 格	优 良		
保证项目	1	原材料	木材材质和铺设时的含水率必须符合《木结构工程施工及验收规范》(GBJ206—83)的有关规定,并进行防火处理		检查出厂合格证和检验报告	全检
	2	木搁栅防腐处理和安装	木搁栅、毛地板和垫木等必须作防腐处理。木搁栅安装必须牢固、平直,在砼基层上铺设木搁栅其间距和稳固方法必须符合设计要求		观察、脚踩检查和检查施工记录或作局部冲击试验	
	3	与基层结合	各种木质板面层必须铺钉牢固无松动,粘结牢固无空鼓(脱胶) 注:空鼓面积不大于单块板块面积的 1/8,且每间不超过抽查数的 5%者,可不计		观察及脚踩或用小锤轻击检查	

续表 16

项别	项目			质量要求		检验方法	检查数量
				合格	优良		
基本项目	1	面层表面	拼花木地板面层	面层刨平磨光，无明显刨痕、刨茬；图案清晰，清油面色颜色均匀	面层刨平磨光，无刨痕、刨茬和手刺等现象；图案清晰。清油面层颜色均匀一致	观察、手摸和脚踩检查	全检
			木板面层	面层刨平磨光，无明显刨茬，板面无明显翘鼓	面层刨平磨光，无刨痕、刨茬，板面无翘鼓	观察、手摸和脚踩检查	
			硬质纤维板面层	图案尺寸符合设计要求，板面无明显翘鼓	图案尺寸符合设计要求，板面无翘鼓	观察、手摸和脚踩检查	
	2	接缝	接花木板面层	接缝对齐，粘、钉严密	接缝对齐，粘、钉严密；缝隙宽度均匀一致	观察检查	
			木板面层	缝隙基本严密，接头位置错开	缝隙严密，接头位置错开，表面洁净		
			硬质纤维弧面层	接缝均匀，无明显高差	接缝均匀，无明显高差；表面洁净，粘结面层无溢胶		
	3	踢脚线		接缝基本严密	接缝严密，表面光滑，高度、出墙厚度一致		

项别	项目		允许偏差（mm）不大于				检验方法	检查数量
			水搁栅	拼花木板	薄木板	硬质纤维板		
允许偏差项目	1	表面平整度	3	2				每间检查4处，纵、横、斜、过门口各1处
	2	踢脚线上口平直	—	3			拉5m线，不足5m拉通线和尺量检查	每间检查1处
	3	板面拼缝平直	—	3				
	4	缝隙宽度	—	0.2		2	尺量检查	

5.3.1.14 活动地板分项工程质量要求见表17。

表17

项别		项目	质量要求		检验方法	检查数量
			合格	优良		
保证项目	1	原材料	活动地板的支柱(架)、桁条的型号、规格、材质均必须符合设计要求		检查出厂合格证和检验报告	全检
	2	安装	活动地板支柱(架)位置正确,顶面标高一致;桁条连接必须牢固、平直,无松动、变形		观察、脚踩检查和检查施工记录或作局部冲击试验	
	3	铺贴	板块面层必须铺贴牢固,无松动		观察、脚踩或用小锤轻击检查	
基本项目	1	板块面层表面质量	色泽均匀,板块无裂纹、掉角、缺楞等缺陷	图案清晰,色泽一致,周边顺直,板块无裂纹、掉角和缺陷	观察检查	
	2	接缝质量	接缝均匀,无明显高差	接缝均匀一致,无明显高差,表面洁净,粘结面层无溢胶		
	3	踢脚线铺设	接缝基本严密	接缝严密,表面光洁,高度、出墙厚度一致		
允许偏差项目			允许偏差 (mm)			
	1	支柱(架)顶面标高	±4		用水平仪检查	全检
	2	板面平整度	≤2		用2m靠尺和楔形塞尺检查	每间检查4处,纵、横、斜、过门口各1处
	3	板面拼缝平直	≤3		拉5m线,不足5m拉通线和尺量检查	每间检查1处
	4	板面缝隙宽度	≤0.2		塞尺检查	
	5	踢脚线上口平直	≤3		拉5m线,不足5m拉通线和尺量检查	

5.3.1.15 地面(楼面)基层处理分项工程质量要求见表18。

表 18

项别		项 目	质 量 要 求		检验方法	检查数量
			合 格	优 良		
保证项目	1	粘贴基层	结构基层表面应坚实,如有疏松,应铲除浮层,并清洗干净,水泥砂浆基层无空鼓、起砂、裂纹等缺陷		用含水率测定仪检查	全检
	2	基层清除杂物	基层应彻底清除灰渣和杂物,用水冲洗干净,晒干			
	3	涂抹地面	地面涂抹基层应坚实平整,清除油迹、浮灰,凸起处铲平,凹处用腻子嵌补磨平			
	4	铺设基层	塑料地面、地毯铺设基层表面应清扫干净,保持干燥,基层含水率以工程所在地年平均湿度确定含水率控制指标		用含水率测定仪检查	检查5点以上
允许偏差项目			允许偏差 (mm) 不大于			
			粘贴基层	涂抹地层	铺设基层		
	1	表面平整度	5	2	3	用2m靠尺和塞尺检查	全检
	2	坡高	不大于房间相应尺寸的2/1 000,且不大于30			用坡度尺检查	全检

5.3.1.16 吊顶龙骨安装分项工程质量要求见表19。本表适用于钢木骨架、轻钢、铝合金龙骨及其他形式的吊顶龙骨安装工程。

表 19

项别		项 目	质 量 要 求		检验方法	检查数量
			合 格	优 良		
保证项目	1	原材料	材料的品种、质量必须符合设计要求和有关标准规定		检查出厂合格证和检验报告	全检
	2	钢木龙骨安装	钢木龙骨主梁、搁栅(立筋、横撑)其规格、间距应符合设计要求,安装必须位置正确,连接牢固,无松动,表面做防火处理		观察和手扳检查或作悬挂试验	
	3	轻钢、铝合金龙骨安装	轻钢、铝合金龙骨安装,应符合设计和产品说明书的要求,吊筋必须牢固,位置正确,连接牢固,无变形松动			

续表 19

项别	项目			质量要求		检验方法	检查数量
				合格	优良		
基本项目	1	钢木龙骨的吊杆、主梁、搁栅(立筋、横撑)外观		有轻度弯曲,但不影响安装,木吊杆无劈裂	顺直、无弯曲,无弯形,木吊杆无劈裂	观察检查	全检
	2	吊顶内填充料		用料干燥,铺设厚度符合要求	用料干燥,铺设厚度符合要求,且均匀一致	观察、尺量检查	
	3	轻钢龙骨、铝合金龙骨外观		角缝吻合,表面平整,无翘曲,无锤印	角缝吻合,表面平整,无翘曲,无锤印,接缝均匀一致,周围与墙面密合	观察检查	
				允许偏差 (mm)			
允许偏差项目	1	钢木龙骨	吊顶主筋截面尺寸	方木、原木(梢径)	−3 −5	尺量检查	检查3根
	2		吊顶搁栅(立筋、横撑)截面尺寸		−2	尺量检查	
	3		吊顶起拱高度(短向跨度 L)		$L/200 \pm 10$	尺量或水准仪检查(以墙面水准线为准)	全检
	4		吊顶四周水平标高		±5		
	5	轻钢铝合金龙骨及其他形式龙骨	表面平整		≤3	用2m靠尺和锲尺检查	每项检查5处以上
	6		缝格平整	开敞式	≤1	拉5m线和尺量检查	
				隐蔽式	≤2		
	7		接缝高低差	开敞式	≤1	直尺和塞尺检查	
				隐蔽式	≤1.5		
	8		起拱高度(短向跨度 L)	各类龙骨	$L/200 \pm 10$	用水平仪检查	全检
	9		四周水平标高	各类龙骨	±5		

5.3.1.17 吊顶罩面板安装分项工程质量要求见表20。本表适用于石膏板、矿棉装饰吸声板、木质板、塑料板、纤维水泥加压板、金属装饰板等吊顶罩面板安装工程。

表20

项别		项目	质量要求		检验方法	检查数量
			合格	优良		
保证项目	1	原材料	材料的品种、质量必须符合设计要求和有关标准规定		检查出厂合格证和检验报告	全检
	2	吊顶罩面板安装	吊顶罩面板安装必须牢固，无脱层、翘曲、折裂、缺楞、掉角等缺陷		观察和手扳检查	
基本项目	1	罩面板表面质量	表面平整、清洁，无明显变色、污迹、反锈、麻点和锤印	表面平整、清洁、颜色一致，无污迹、反锈、麻点和锤印	观察检查	
	2	接缝和压条质量	接缝宽窄均匀，压条顺直无翘曲	接缝宽窄一致、整齐，接缝严密，压条宽窄一致、平直		
允许偏差项目			允许偏差（mm）不大于			
			石膏板 / 矿棉装饰吸声板 / 木质板 / 塑料板 / 纤维水泥加压板 / 金属装饰板 / 玻璃板			
	1	表面平整	3 / 2 / / 1 / / 2 /		用2m靠尺和楔形塞尺检查	
	2	接缝平直	/ / 3 / 1 / / 1.5 /		拉线不足5m，拉通线和尺量检查	
	3	接缝高低	1		用直尺和楔形塞尺检查	每项检查5处以上
	4	压条平直	3		同上	
	5	压条间距	2		尺量检查	

5.3.1.18 铝合金门窗分项工程质量要求见表21。

表 21

项别		项目	质量要求		检验方法	检查数量
			合 格	优 良		
保证项目	1	原材料	铝合金门窗及其附件质量必须符合设计要求和有关标准的规定		检查出厂合格证和检验报告	
	2	安装位置开启方向	铝合金门窗安装的位置、开启方向必须符合设计要求		观察检查	
	3	预埋件和连接方法	安装必须牢固,预埋件的数量、位置、埋设连接方法必须符合设计要求		顶框与墙体间隙填塞前观察和手扳检查,并检查隐蔽记录	
	4	铝合金门窗框	铝合金门窗框与非不锈钢紧固件接触面之间必须做防腐处理,严禁用水泥砂浆作门框与墙体间的填塞材料		观察检查	
基本项目	1	平开门窗扇	关闭严密,间隙基本均匀,开关灵活	关闭严密,间隙均匀,开关灵活	观察和开闭检查	全检
	2	推拉门窗扇	关闭严密,间隙基本均匀,扇与框搭接量不小于设计要求的80%	关闭严密,间隙均匀,扇与框搭接量符合设计要求	观察和用深度尺检查	
	3	弹簧门	自动定位准确,开启角度为90°±3°,关闭时间在3~15s范围之内	自动定位准确,开启角度为90°±1.5°,关闭时间在6~10s范围之内	用秒表、角度尺检查	
	4	门窗附件安装	附件齐全,安装牢固,灵活适用,达到各自的功能	附件齐全,安装位置正确、牢固,灵活适用,达到各自的功能,端正美观	观察、用手扳和尺量检查	
	5	门窗框与墙体间缝隙填嵌	填嵌基本饱满密实,表面平整,填塞材料、方法符合设计要求	填嵌饱满密实,表面平整、光滑,无裂缝,填塞材料、方法符合设计要求	观察检查	
	6	门窗外观	表面洁净,无明显划痕、碰伤,基本无锈蚀;涂胶表面基本光滑,无气孔	表面洁净,无划痕、碰伤,无锈蚀;涂胶表面光滑、平整、厚度均匀,无气孔		
	7	密封质量	关闭后各配合处无明显缝隙	关闭后配合处无缝隙,不透气、透光		
	8	安装后玻璃表面	表面无明显斑污,安装朝向正确	表面洁净,安装朝向正确		
	9	镶嵌橡皮垫	橡皮垫与裁口、玻璃及压条紧贴	橡皮垫与裁口、玻璃及压条紧贴,整齐一致		

续表 21

	项	目		允许偏差（mm）不大于	检 验 方 法	检查数量
允许偏差项目	1	门窗框两对角线长度差	对角线长≤2 000 mm	2	用对角线测定仪测定其长度，取两对角线长度的差值	每樘检查2处
			对角线长>2 000 mm	3		
	2	平开门窗	窗扇与框搭接宽度差	1	用深度尺或钢板尺检查	每樘每项检查1处
	3		同樘门窗相邻扇的横端角度高差	2	用拉线和钢板尺检查	
	4	推拉门窗	门窗扇开启力限值	扇面积≤1.5 m²	40 N	用100 N弹簧秤钩住拉手处，启闭5次，取平均值	
				扇面积>1.5 m²	60 N		
	5	弹簧门	门窗与框或相邻扇立边平行度	2		
	6		门对口缝或扇与框之间立、横缝留缝限值	2～4	用楔形塞尺检查	
	7		门与地面间隙留缝限值	2～7		
	8		门对口缝关闭时平整	2	用深度尺检查	
	9	门窗框（含拼樘料）正、侧面的垂直度		2	用1m托线板检查	
	10	门窗框（含拼樘料）的水平度		1.5	用1m水平尺和楔形塞尺检查	
	11	门窗横框标高		5	用钢板尺检查与基准线比较	
	12	双层门窗内外框、挺（含拼樘料）中心距		4	用钢板尺检查	

5.3.1.19 木门窗安装分项工程质量要求见表22。

表22

项别		项目	质量要求		检验方法	检查数量
			合格	优良		
保证项目	1	原材料	材料和附件的品种、规格、质量必须符合设计要求和有关标准规定		检查出厂合格证和检验报告	
	2	制作安装	门窗框的制作安装必须符合设计要求		观察、尺量和手推拉检查	
	3	固定点	门窗框必须安装牢固,固定点符合设计要求、施工规范规定			
基本项目	1	保温材料填塞	门窗与墙体间需填保温材料,应基本填塞饱满	应填塞饱满、均匀	观察检查	全检
	2	门窗扇安装	裁口顺直,刨面平整,开关灵活,无倒翘	裁口顺直,刨面平整光滑,开关灵活稳定,无回弹和倒翘	观察和开、关检查	
	3	小五金安装	位置适宜,槽边整齐;小五金齐全,规格符合要求,木螺丝拧紧	位置适宜,槽深一致,边缘整齐,尺寸准确;小五金安装齐全,规格符合要求,木螺丝拧紧卧平,插销关闭灵活	观察、尺量和用螺丝刀拧试和开闭检查	
	4	门窗坡水盖口条、压缝条、密封条安装	尺寸一致,与门窗结合牢固严密	尺寸一致,平直光滑,与门窗结合牢固严密,无缝隙	观察和尺量检查	
	5	表面质量	表面光滑,色泽基本一致,木纹清晰	表面光滑,色泽一致,木纹清晰	观察检查	
允许偏差项目			允许偏差（mm）			
	1	框的正、侧面垂直度	<3		1m靠尺检查	每樘每项检查1处
	2	框对角线长度差	<2		尺量和楔形塞尺检查	每樘每项检查2处
	3	框与扇、扇与扇接触处高低差	<2			每樘每项检查1处
	4	门窗扇对口和扇与框间留缝宽度	1.5~2.5		楔形塞尺检查	

· 147 ·

续表 22

项别		项　　目		质　量　要　求		检验方法	检查数量
				合　格	优　良		
允许偏差项目				允许偏差 （mm）		楔形塞尺检查	每樘每项检查1处
	5	双扇大门对口留缝宽度		2～5			
	6	框与扇上缝留缝宽度		1.0～2.5			
	7	窗扇与下坎间留缝宽度		2～3			
	8	门扇与地面间留缝宽度	外　门	4～5			
			内　门	6～8			
			卫生间门	10～12			
			双　扇　门	10～20			
	9	门扇与下坎间留缝宽度	外　门	4～5			
			内　门	3～5			

5.3.2 配套陈设工程分项质量要求
5.3.2.1 锦缎软包分项工程质量要求见表23。

表23

项别		项目	质量要求		检验方法	检验数量
			合格	优良		
保证项目	1	原材料	软包锦缎和基层所用材料的品种、等级、规格、含水率和防腐处理应符合设计及有关标准要求,填充材料也应符合设计要求		检查出厂合格证和检验报告,用含水率测定仪检测	全检
	2	安装	软包锦缎构造作法应符合设计要求,压条严密、牢固,不得松动		观察和手扳检查	
	3	预埋件	墙面设计预埋的木砖或铁件应做防锈或防腐处理		观察和手扳检查	
基本项目	1	表面	表面平整,无明显变色、污迹,无波纹起伏,花纹基本吻合	表面平整、清洁,颜色一致,拼缝处图案花纹吻合,无波纹起伏	观察检查	
	2	制作安装	软包锦缎单元制作尺寸正确,楞角方正,填充饱满、平整,锦缎面松紧适度、无污染 软包锦缎单元安装平顺,紧贴墙面,花纹一致、接缝严密,无翘边和褶皱	软包锦缎单元制作尺寸正确,楞角方正,填充饱满、平整,锦缎面松紧适度,无污染,手感舒适 软包锦缎单元安装平顺,紧贴墙面,花纹一致,接缝严密,无翘边和褶皱,无亏布	观察与尺量检查	
允许偏差项目			允许偏差(mm)不大于			
	1	上口平直	5		拉5m线或通线检查	每项检查5处以上
	2	表面垂直	5		吊2m线尺量检查	
	3	表面平整	5		拉5m线或通线尺量检查	
	4	压缝条间距	2		尺量检查	

5.3.2.2 隔断分项工程质量要求见表24。本表适用于金属与非金属隔断工程。

表24

项别	项目		质量要求		检验方法	检查数量
			合格	优良		
保证项目	1	原材料	质量必须符合设计要求和有关标准的规定		检查出厂合格证和检验报告	
	2	安装	安装的位置、立筋和横撑的间距必须符合设计要求		观察和尺量检查	
	3	预埋件和连接方法	安装必须牢固,预埋件数量、位置、埋设连接方法必须符合设计要求		观察和手扳检查,并检查隐蔽记录	
基本项目	1	接缝	间隙基本均匀	间隙均匀	观察检查	全检
	2	附件安装	附件齐全,安装牢固,灵活适用,达到各自的功能	附件齐全,安装位置正确、牢固,灵活适用,达到各自的功能,端正美观,与整体协调	观察、手扳和尺量检查	
	3	框架与墙体间缝隙填嵌	填嵌基本饱满密实,表面平整,填塞材料方法符合设计要求	填嵌饱满密实,表面平整、光滑,无裂缝,填塞材料及方法符合设计要求		
	4	外观质量	表面洁净,色泽基本一致,无明显划痕、碰伤,基本无锈蚀,涂胶表面基本光滑无气孔	表面洁净,色泽一致,无划痕、碰伤、锈蚀,涂胶表面光滑、平整,厚度均匀,无气孔	察检查	
	5	密封质量	各构件配合处无明显缝隙	各构件配合处无缝隙,不透气、透光		
允许偏差项目			允许偏差(mm)不大于			
	1	框架对角线长度差 角线长≤2 000 mm	2		用对角线测量仪检查	每项检查5处以上
		角线长>2 000 mm	3			
	2	正侧面的垂直度	2		用2 m靠尺检查	
	3	水平度	1.5		用1 m水平尺和楔形塞尺检查	
	4	拼接缝隙	0.5		用楔形塞尺检查	
	5	拼接缝高低差	0.5		用深度尺或钢板尺检查	
	6	标高	5		用钢板尺检查与基准线比较	
	7	阴、阳角方正	2		用200 mm阴阳角尺检查	

5.3.2.3 隔断墙罩面板安装分项工程质量要求见表25。本表适用于墙体罩面的胶合板、塑料板、纤维板、钙塑板、刨花板、木板等罩面板工程。

表 25

项别		项目	质量要求		检验方法	检验数量
			合格	优良		
保证项目	1	原材料	材料的品种、质量必须符合设计要求和现行标准规定		检查出厂合格证和检验报告	全检
	2	安装	隔断罩面扳安装必须牢固，无脱层、翘曲、折裂、缺楞、掉角等缺陷		观察和手板检查，或作局部冲击试验	
基本项目	1	罩面板表面质量	表面平整、清洁，无明显变色、污染，拼缝处图案花纹基本吻合，无反锈、麻点和锤印	表面平整、清洁、颜色一致，拼缝处图案花纹吻合，无污染、反锈、麻点和锤印	观察检查	
	2	接缝和压条质量	接缝宽窄均匀，压条顺直无翘曲	接缝宽窄一致、整齐，压条宽窄一致、平直，接缝严密		

项别		项目	允许偏差(mm)不大于						检验方法	检验数量
			胶合板	塑料板	纤维板	钙塑板	刨花板	木丝板	木板	
允许偏差项目	1	表面平整	2		3		4		3	用2m靠尺和楔形塞尺检查	每项检查5处以上
	2	立面垂直	3			4				用2m靠尺检查	
	3	压条平直			3				—	接5m线，不足5m拉通线和尺量检查	
	4	接缝平直			3						
	5	接缝高低	0.5		1				1	用直尺和塞尺检查	
	6	压条间距			2		3		—	尺量检查	

5.3.2.4 花饰安装分项工程质量要求见表26。本表适用于塑料、木制、石膏和金属等花饰工程。

表 26

项别	项目	质量要求 合格	质量要求 优良	检验方法	检查数量
保证项目	1 原材料	花饰的品种、规格、式样必须符合设计要求及有关标准规定		检查出厂合格证和检验报告	全检
保证项目	2 安装	基层构造、固定方法必须符合设计要求，花饰安装必须牢固，无裂缝、翘曲和缺楞、掉角等缺陷		观察、手轻摇检查	全检
保证项目	3 预埋件	采用的金属紧固件、预埋件宜镀锌处理，铁件在施焊后必须清除焊渣		观察检查	全检
保证项目	4 木制花饰防腐处理	木制花饰选用的树种、材质、含水率和防腐处理方式，必须符合设计要求和《木结构工程施工及验收规范》的规定		观察检查	全检
保证项目	5 填塞	凡填塞水泥砂浆、混合砂浆的地方，必须密实压紧		观察检查	全检
基本项目	1 表面	花饰表面和安装花饰的基层洁净	花饰表面和安装花饰的基层洁净，接缝严密吻合	观察检查	
允许偏差项目		允许偏差（mm）不大于			
允许偏差项目	1 条形花饰的水平和垂直度	3		用2m靠尺检查	每项检查5处以上
允许偏差项目	2 单独花饰中心线位置偏移	10		纵、横拉线和尺量检查	每项检查5处以上

5.3.2.5 细木制品分项工程质量要求见表27。本表适用于楼梯扶手、贴脸板、护墙板、窗帘盒、窗台板、挂镜线等细木制品的制作与安装。

表27

项别		项目	质量要求		检验方法	检查数量
			合格	优良		
保证项目	1	原材料	细木制品的树种、材质等级、含水率和防腐处理必须符合设计要求规定		检查出厂合格证和检验报告	
	2	与基层结合	细木制品与基层（或木砖）必须连接牢固，无松动现象		观察和手扳检查或作局部冲击试验	
基本项目	1	细木制品的制作	尺寸正确，表面光滑，线条顺直	尺寸正确，表面平直、光滑，楞角方正，线条顺直，不露钉帽，无刨茬、毛刺、锤印等缺陷	观察、手模或尺量检查	全检
	2	细木制品的安装	安装位置正确，割角整齐，交圈、接缝严密	安装位置正确，割角整齐，交圈、接缝严密、平直、通顺，与墙面紧贴，出墙尺寸一致	观察和尺量检查	
	3	表面质量	表面基本平整、洁净，颜色一致，花纹对齐	表面平整、洁净，颜色协调一致，花纹对齐	观察检查	
允许偏差项目			允许偏差（mm）不大于			
	1	楼梯扶手 栏杆垂直	2		吊线和尺量检查	每项检查5处以上
		栏杆间距	3		尺量检查	
		扶手纵向弯曲	4		拉通线和尺量检查	
	2	护墙板 上口平直	3		拉5m线，不足5m拉通线检查	
		垂直	2		吊线和尺量检查	
		表面平整	1.5		用2m靠尺和楔形塞尺检查	
		压缝条间距	2		尺量检查	

续表 27

项别	项目		质量要求		检验方法	检查数量
			合格	优良		
			允许偏差(mm)不大于			
允许偏差项目	3	窗台板	两端高低差	2	用水平仪检查	
		窗帘盒	两端距窗洞长度差	3	尺量检查	
	4	贴脸板	内边缘至门窗框裁口距离	2	尺量检查	
	5	挂镜线	上口平直	2	尺量检查	

5.3.2.6 地毯铺设分项工程质量要求见表28。

表 28

项别	项目		质量要求		检验方法	检查数量
			合格	优良		
保证项目	1	原材料	材料的品种、规格、色泽、图案应符合设计要求，衬垫和收口、交接材料和材质必须符合有关材料标准和产品说明书的规定		检查出厂合格证和检验报告	全检
	2	固定	地毯固定牢固，不得有卷边、翻起的现象，进口处收口、交接顺直、稳固，踢脚板处塞边严密，封口平整		观察和用小锤轻击检查	
基本项目	1	表面	颜色、花纹一致，无明显错花、错格现象，无松弛、起鼓、皱折、翘边等缺陷	在合格基础上，颜色、花纹协调一致	观察检查	
	2	接缝	接缝严密平整，在视线范围内无明显接头，无明显打绺、鼓包现象	在合格基础上，无打绺、鼓包现象	观察检查	

5.3.2.7 窗帘分项工程质量要求见表29。

表29

项别		项目	质量要求		检验方法	检验数量
			合格	优良		
保证项目	1	原材料	材料的品种、质量必须符合设计要求和标准规定的要求		检查出厂合格证和检验报告	全检
	2	安装	窗帘的安装必须符合图纸规定，轨道顺直，安装牢固，窗帘开合、收放自如		观察和手拉检查	
基本项目	1	外观质量	表面清洁、无污染，接缝处图案花纹吻合	表面清洁、无污染，接缝处图案花纹吻合，表面平整无皱折	目测	
			允许偏差（mm）			
允许偏差项目	1	窗帘盒净空尺寸	±2		用钢卷尺检查	每项检查5处以上
	2	窗帘盒高度	±3		用钢卷尺检查	
	3	窗帘盒及轨道水平	≤3		用水平仪检查	
	4	窗帘的长度差	≤5		用钢卷尺检查	

5.3.2.8 不锈钢制品安装分项工程质量要求见表30。本表适用于不锈钢立柱、栏杆、扶手和饰面板安装。

表 30

<table>
<tr><th rowspan="2">项别</th><th colspan="2" rowspan="2">项 目</th><th colspan="2">质 量 要 求</th><th rowspan="2">检验方法</th><th rowspan="2">检查数量</th></tr>
<tr><th>合 格</th><th>优 良</th></tr>
<tr><td rowspan="5">保证项目</td><td>1</td><td>原材料</td><td colspan="2">材料的规格、形状、颜色、材质必须符合设计要求和有关技术标准的规定</td><td>检查出厂合格证和检验报告</td><td></td></tr>
<tr><td>2</td><td>安装</td><td colspan="2">栏杆、扶手安装牢固，地脚螺栓或预埋钢板与立柱周边必须满焊，并做防锈处理</td><td>观察、小锤敲击和手推检查</td><td></td></tr>
<tr><td>3</td><td>骨架</td><td colspan="2">不锈钢饰面板内衬或骨架应采用钢板或型钢</td><td>观察和手推检查</td><td></td></tr>
<tr><td>4</td><td>焊接</td><td colspan="2">不锈钢焊接方法必须符合设计要求和不锈钢焊接的专门规范</td><td>观察检查</td><td></td></tr>
<tr><td>5</td><td>表面</td><td colspan="2">焊缝表面严禁有裂纹、夹渣、焊瘤、烧穿、弧坑、针状气孔等缺陷</td><td>观察检查</td><td></td></tr>
<tr><td rowspan="4">基本项目</td><td>1</td><td>表面</td><td>表面平整、光滑、色泽一致，无翘曲、褶皱、波形折光等缺陷</td><td>表面平整、光滑、色泽一致，无翘曲，无划痕，无凹点，褶皱、波形折光等缺陷</td><td>观察检查</td><td rowspan="4">全检</td></tr>
<tr><td>2</td><td>转角</td><td>转角圆滑，接头平整、严密，焊缝研磨抛光</td><td>转角圆滑，接头平整、严密，焊缝研磨抛光，无挡手感</td><td>观察和手摸检查</td></tr>
<tr><td>3</td><td>接缝</td><td>下料尺寸准确，就位尺寸正确，横竖拼缝及其交接处的咬口严密，无开缝，立咬口相互平行且高低一致</td><td>下料尺寸准确，就位尺寸正确，横竖拼缝及其交接处的咬口严密，表面平整光滑，无开缝，立咬口相互平行且高低一致</td><td>观察和尺量检查</td></tr>
<tr><td>4</td><td>焊缝</td><td>焊波均匀，焊渣和飞溅物清除干净</td><td>焊波均匀，焊渣和飞溅物清除干净，研磨、抛光</td><td>观察或小锤敲击检查</td></tr>
<tr><td colspan="7">允许偏差（mm）不大于</td></tr>
<tr><td rowspan="7">允许偏差项目</td><td>1</td><td>立面垂直</td><td colspan="2">1</td><td>用2m靠尺或吊线检查</td><td rowspan="7">每项检查5处以上</td></tr>
<tr><td>2</td><td>表面平整</td><td colspan="2">2</td><td>用2m靠尺和塞尺检查</td></tr>
<tr><td>3</td><td>阳角方正</td><td colspan="2">2</td><td>用200mm阴阳角尺检查</td></tr>
<tr><td>4</td><td>接缝平直</td><td colspan="2">0.5</td><td>拉5m通线检验</td></tr>
<tr><td>5</td><td>接缝高低差</td><td colspan="2">0.5</td><td>用塞尺检查</td></tr>
<tr><td>6</td><td>焊缝宽度</td><td colspan="2">5</td><td>用钢板尺检查</td></tr>
<tr><td>7</td><td>焊缝高低差</td><td colspan="2">0.5</td><td>用钢板尺检查</td></tr>
</table>